常见猪病防治有问必答

肖金东　主编

中国农业科学技术出版社

图书在版编目（CIP）数据

常见猪病防治有问必答／肖金东主编．—北京：中国农业科学技术出版社，2015.6

ISBN 978－7－5116－2039－2

Ⅰ．①常…　Ⅱ．①肖…　Ⅲ．①猪病－防治－问题解答
Ⅳ．①S858.28－44

中国版本图书馆CIP数据核字（2015）第065375号

责任编辑　张国锋
责任校对　李向荣

出 版 者　中国农业科学技术出版社
北京市中关村南大街12号　邮编：100081
电　　话　（010）82106636（编辑室）（010）82109702（发行部）
（010）82109709（读者服务部）
传　　真　（010）82106631
网　　址　http://www.castp.cn
经 销 者　各地新华书店
印 刷 者　北京富泰印刷有限责任公司
开　　本　850 mm×1 168 mm　1/32
印　　张　6.5
字　　数　185千字
版　　次　2015年6月第1版　2015年6月第1次印刷
定　　价　24.00元

编写人员名单

主　编　肖金东

编　者　(按姓氏笔画排序)

吕三福　孙健华　李　芳

杨桂英　肖金东　周会文

胡红宇　郭建立

主　审　张春良

前　言

随着养猪业的不断发展，规模化养殖已成为养猪业发展的趋势。由于养猪规模的盲目扩大、猪群的饲养密度增加、饲养管理缺乏完善、免疫缺陷等，造成各种猪病的发生，尤其以散发流行、非典型形式居多，成为养猪业的制约因素。因此，普及猪病的预防与治疗知识，提高养猪场、户和基层动物防疫工作者的诊疗水平，有利于推动当今和今后养猪业的发展。

为了便于养猪者更好地学习和掌握猪病防治知识，做好猪病的诊断、预防和治疗工作，有效地提高养猪经济效益，我们编写了《常见猪病防治有问必答》一书。我们根据多年的生产一线经验，同时和各大科研院所的专家、学者探讨，以问答的形式，简明扼要地介绍了常见猪病防治基础知识、猪病诊断与治疗注意事项、常见猪病的防治等几个方面内容。本书具有较强的实用性，文字简练、通俗易懂，适用于广大养猪场（户）的防疫人员和基层动物防疫人员等参考使用。

本书在构思及编写过程中，得到了兽医领域许多专家、学者的鼓励和支持，在此表示衷心的感谢！

由于时间仓促和编者水平有限，书中可能存在遗漏之处，恳请广大读者批评指正。

编者

2015 年 1 月

目　　录

第一章 猪病防治基础知识

1. 临床上常见猪病有几大类?

(1) 疫病:包括传染病和寄生虫病。

(2) 普通病:包括内科、外科和产科疾病。

在猪病中,猪的疫病尤其是传染病危害最为严重,往往大批发生,发病和死亡率很高,甚至殃及全群,损失巨大。只要坚持“预防为主”的方针,采取科学、有效的预防措施,提高养猪防病的科学技术水平,就一定会使猪病对养猪生产的危害降低到最低程度,切实增加养猪生产经济效益,促进养猪业健康发展。

2. 猪传染病的发生和流行有什么特点?

(1) 疫病种类明显增多,危害加剧。到目前为止,在我国常见的猪传染性疫病有40多种,其中频频发生、危害严重的在20种以上。如猪气喘病(猪霉形体肺炎)、猪蓝耳病(猪繁殖与呼吸障碍综合征)、猪圆环病毒病(断奶仔猪衰弱综合征)等。

(2) 多病原混合感染成为当前猪病发生的主要形式。往往是几种病原体,既有原发,也有并发和继发,更由于急性感染激发了一些潜在的条件性、环境性病原体的发病,而一些免疫抑制性疫病更使病情加重。病原体的混合感染既有细菌和细菌,也有病毒和病毒或细菌和病毒。

(3) 猪呼吸道病综合征问题日益突出。

(4) 繁殖障碍综合征普遍存在。

(5) 病原体发生遗传变异或血清型发生改变。

（6）临床表现形式发生改变或毒力增强。

（7）病毒病成为猪传染病的主体。

（8）免疫抑制性疫病危害深重。

（9）细菌对药物的耐受性增强。

（10）猪体内的一些不明微生物问题复杂。

（11）多种不同养猪模式加剧了疫病的扩散。

（12）人兽共患病的威胁不容忽视。

（13）寄生虫病普遍存在。

3. 猪呼吸道病综合征有哪些?

猪呼吸道病综合征主要有猪传染性胸膜肺炎、副猪嗜血杆菌病、猪肺疫、猪链球菌病、猪传染性萎缩性鼻炎、猪流感、猪气喘病、猪蓝耳病、猪圆环病毒病等。

4. 猪繁殖障碍性疾病有哪些?

猪繁殖障碍性疾病主要有猪蓝耳病、猪伪狂犬病、猪细小病毒病、猪附红细胞体病、猪瘟、猪衣原体病、猪布鲁氏杆菌病等。

5. 猪病发生的原因有哪些?

（1）引种混乱，把关不严。

（2）生产发展与管理水平不同步。

（3）猪病不断增多和变异。

（4）细菌性病原体的耐药体不断产生。

（5）饲料营养成分添加混乱。

（6）霉菌毒素的有害因素。

（7）缺少综合性的防疫措施。

6. 猪传染病发生和发展的几个重要环节是什么?

（1）传染源：具有一定数量和足够毒力的病原微生物。

（2）传播途径：具有可促使病原微生物侵入易感动物猪体内

的外界条件。

（3）易感动物：具有对该传染病有感受性的猪。

上述3个条件是猪传染病发生的必备条件，如果缺少其中任何一个条件，就不可能造成传染病的发生和流行。

7. 猪传染病流行是如何传播的？

猪传染病传播主要有直接接触传播、间接接触传播、水平传播、垂直传播。

（1）直接接触传播：在没有任何外界因素的参与下，病原体通过被感染的猪（传染源）与健康猪直接接触（交配、舐咬等）传染的传播方式。

（2）间接接触传播：必须在外界环境因素的参与下，病原体通过传播媒介间接地使健康猪发生传染的方式，称为间接接触传播。

① 通过被污染的物体传播；② 通过污染的饲料和饮水传播；③ 通过污染的土壤传播；④ 通过空气传播；⑤ 通过人、畜或其他动物等活的媒介物（机械性传播和生物学传播）。

（3）水平传播是指传染病在群体之间或个体之间以水平形式横向传播。

（4）垂直传播是指母体到后代两代之间的传播，主要有经胎盘传播、经产道传播。

8. 猪场的主要传染病有哪些？

猪场的主要传染病有免疫抑制性疫病、猪繁殖障碍性传染病、猪呼吸道疾病。常见的主要有猪细小病毒病、猪传染性胃肠炎、猪流行性腹泻和猪衣原体病、猪传染性胸膜炎、副猪嗜血杆菌病、猪蓝耳病（猪繁殖和呼吸障碍综合征）、猪圆环病毒Ⅱ型感染、猪附红细胞体病和猪增生性肠炎等。加上原有在我国较多猪场发生的猪瘟、猪气喘病、猪口蹄疫、仔猪大肠杆菌病、仔猪副伤寒、猪伪狂犬病、猪传染性萎缩性鼻炎、猪链球菌病、猪布鲁氏杆菌病、猪流行性乙型脑炎等。

目前，影响猪健康最严重的疫病是猪蓝耳病、猪圆环病毒病、猪伪狂犬病、猪流行性腹泻、非典型性猪瘟、副猪嗜血杆菌病、猪水肿病等。

9. 猪场的主要传染病如何预防？

（1）正确诊断，确认猪场疫病的种类和发生规律。

（2）全方位积极推进生物安全体系。

（3）做好猪群的饲养管理，降低或避免猪群的应激因素发生。要为猪群建立一个良好的生长环境，保持猪舍干燥、清洁、卫生；猪舍、用具及环境定期消毒；做好猪舍的通风、换气（冬季在保温的基础上通风），降低氨气、硫化氢等气体的浓度，以保证和改善猪舍的空气质量；按照不同日龄猪只的要求，减少猪群的饲养密度；注意冬季保暖、夏季降温。供给营养齐全、均衡的饲料，避免饲喂发霉变质或含有真菌毒素的饲料。推行“全进全出”的饲养方式，尽量减少猪群转栏和混群的次数，以减少应激因素。

（4）做好预防免疫接种工作。要根据猪场所在地猪传染病流行的种类，确定应该接种哪些疫苗，坚决避免盲目性。制定科学的免疫程序，采用可靠的免疫方法，并需根据监测的结果随时调整免疫程序。同时要使用高质量的疫苗，重视疫苗的保存与运输、疫苗的稀释等，避免发生免疫失败。

（5）重视检疫工作。

（6）建立科学、合理的药物预防方案。

（7）做好猪病的预防与净化工作。

10. 猪病防治原则是什么？

（1）加强饲养管理，供应平衡日粮，减少应激。

（2）进行有效消毒。选择高效低毒消毒药物，定期消毒，并注意消毒方法的有效性。如碘制剂、醛制剂、火碱等。

（3）加强药物预防。用广谱抗菌、抗病毒、抗原虫药进行综合防治，提高机体免疫系统功能，提高机体对疾病的抵抗力。

（4）完善免疫程序。根据猪场以前的发病史、目前发病情况、周围环境、疾病流行情况和疾病流行趋势，有选择地进行疫苗免疫，制定科学合理的免疫程序，切不可盲目进行。

11. 如何提高猪群的抗病能力？

加强饲养管理，有力地提高猪群的抗病能力。健康状况良好的猪群在免疫时能产生坚强的免疫力，而体质虚弱、营养不良或患有慢性病的猪群免疫应答能力较差。

（1）应保证饲料质量，严禁使用发霉变质饲料。霉变饲料含有各种霉菌毒素，可引起肝细胞的变性坏死，淋巴结出血、水肿，严重破坏机体的免疫器官，造成机体的免疫抑制。因此，要严格控制饲料和各种原料的质量。

（2）采取严格的生物安全措施，坚持“自繁自养、全进全出”制，防止病原传入。

（3）对生产区要采取严格的消毒、隔离和防疫检疫措施。

（4）合理饲养密度，为猪只创造一个“温度、湿度、光照和空气质量”等方面良好的环境，提高猪群的整体健康水平。

（5）控制免疫抑制性疾病。近年来，猪的免疫抑制性疾病呈上升趋势，如猪蓝耳病、猪伪狂犬病、猪圆环病毒感染、猪气喘病等都能破坏免疫器官，导致猪病的免疫失败。因此，在生产实践中，应按照免疫程序加强这些疾病的预防和控制。

12. 怎样实施猪的免疫接种？免疫接种的方法有哪些？

（1）实施猪的接种主要有预防接种和紧急接种。

① 预防接种：指平时为了预防传染病发生、发展与流行，有计划地定期按免疫程序给健康猪群进行的预防注射。一般接种后7～21天可获得3～6个月的免疫力。例如：使用猪瘟、口蹄疫等疫苗定期预防接种，结合良好的饲养管理，在一定时间内能控制疫

病的传播和流行。

② 紧急接种：当发生传染病时，为迅速控制和扑灭传染病的流行而在疫区和受威胁区对尚未发病的猪进行临时性免疫接种，目的是把疫情控制在疫区内并就地消灭，防止疫情扩散到周围的受威胁区。

（2）猪免疫接种的方法主要有肌内注射、穴位注射、口服、滴鼻。一般疫苗免疫接种采用肌内注射，而猪口服副伤寒疫苗采用口服，猪传染性胃肠炎和流行性腹泻联苗采用交巢穴（后海穴）注射，猪伪狂犬疫苗在猪3日龄之内进行滴鼻免疫。

13. 免疫接种时应注意的问题有哪些？

（1）确定首免时间。如猪瘟一般在20日龄时进行首免，50～56日龄时进行第二次免疫。

（2）活苗一经稀释，要在15～20分钟用完，死苗要在30分钟内用完。

（3）如果同一时间需要接种两种以上疫苗时，要考虑疫苗之间的相互影响。如果疫苗间在引起免疫反应时互不干扰或有相互促进作用可以同时接种；如果互相间有抑制作用，则不应同时使用，否则会影响免疫效果。一般病毒疫苗可以和细菌疫苗同时接种；两种病毒疫苗接种时，要在一种病毒疫苗接种后间隔5～7天进行另一种病毒疫苗的接种。

（4）免疫接种须按合理的免疫程序进行。

（5）要注意做好配种前母猪的免疫，避免仔猪出现免疫空白期。

（6）先小范围试用。首次使用某种疫苗时，应选择一定数量的猪进行小范围试用，观察3～5天，确认无严重不良反应后方可扩大接种面。

（7）接种疫苗后必须观察15分钟。个别猪在注苗后可能发生急性过敏反应，表现为不安、发抖、发绀、口吐泡沫、呕吐、呼吸困难、卧地不起等，应立即用肾上腺素、地塞米松等抗过敏药物紧急抢救。

(8) 免疫接种时，要严格消毒注射部位，并做到每头猪一个针头，以免通过针头传播疫病。同时，注射时选择优质、型号合适的针头。仔猪和保育猪要选择12号针头，避免针头进入胸腔；种母猪、种公猪选择16号长针头，避免疫苗进入皮下脂肪层，便于进行深部肌内注射，有力发挥疫苗的作用，提高免疫效果。

(9) 接种前要全面了解和检查猪群情况，对体质弱、有其他疫病的猪或妊娠母猪暂不接种。

(10) 加强免疫的同时，必须加强饲养管理。

(11) 避免使用免疫抑制剂。不论是注射病毒苗还是细菌苗，也不论注射活苗或死苗，在免疫前后5~7天都要避免使用影响疫苗免疫应答的药物和免疫抑制剂，如氟苯尼考、喹乙醇、磺胺类药、氨基糖苷类（如庆大霉素、卡那霉素）、四环素类及地塞米松等糖皮质激素，因其对抗体的合成有一定抑制作用，从而影响免疫效果。

(12) 避免应激。接种疫苗前后数日，应尽可能避免造成剧烈刺激的操作，如采血、去势等。断奶、转群前后数日等易造成应激的阶段也不要注苗。这些应激因素都会降低机体的免疫机能，虽然注射了疫苗，但产生的抗体少，影响免疫效果。

(13) 应避免注射活疫苗与消毒同日进行。免疫前中后连续3天，不能进行带猪消毒和环境消毒。

(14) 禁用抗菌和抗病毒药物。弱毒苗只有在被免疫猪体内生存并繁殖才有效，因此，注射活疫苗前后各3天，均不应饲喂含有抗菌药物（如氟苯尼考、卡那霉素和磺胺类等）的饲料和添加剂，或混饮、注射任何抗菌药物。不得使用利巴韦林（病毒唑）、吗啉胍（病毒灵）、金刚烷胺、猪白细胞干扰素、聚肌胞等抗病毒药，这些药物对机体B淋巴细胞的增殖有一定抑制作用，能影响病毒疫苗的免疫效果，尤其是在免疫前后不规范地使用这些药物，可导致机体白细胞减少，从而影响免疫应答。免疫时更不能同时使用抗血清。

(15) 防止散毒（菌）。活疫苗在操作时应注意防止病毒和活菌的散布，用过的器具、针头要及时消毒，用过的疫苗瓶必须焚烧。

(16) 免疫期间尽量不进行猪的驱虫。

14. 猪在免疫时出现疫苗过敏的原因有哪些？

猪在免疫接种时会出现疫苗反应，原因主要有以下几个方面。

(1) 注射疫苗后出现过敏反应的直接原因是疫苗中存在着异种动物异源蛋白。再者，疫苗中的毒株是在特定细胞内繁殖后采集而得，由于条件限制未能将毒株和细胞培养物碎片、残片彻底分离，使得细胞培养物碎片、残片中的蛋白质、细胞体有可能成为异源性蛋白质，随疫苗注射入猪体后，发生抗原抗体标识反应，导致猪发生过敏反应。

(2) 疫苗佐剂。疫苗佐剂是诱导猪发生过敏反应的又一因素。能够用做免疫佐剂的有矿物油、铝胶、蜂胶，它们在疫苗中起的作用是产生无菌性脓肿，以利于疫苗的缓慢吸收。而矿物油和白油就有可能导致组织水肿、组织损伤和组织肿胀，这种迟发型变态反应是导致猪群过敏的又一因素。

(3) 猪群因个体差异、饲养条件不同，而使后备猪过敏反应程度不同。体重在70千克以上的猪注射疫苗后很少发生过敏反应；混养、放养的猪运动量大，运动频繁，相应的抗逆性就强，抵抗力强，对疫苗的反应就小，相反，单栏限饲的后备猪极少运动或根本不运动，抗逆性就差，对疫苗反应强而快。

(4) 母猪怀孕期间接种活疫苗，疫苗中的菌（毒）种或其他成分通过胎盘进入胎儿体内，成为过敏原，仔猪出生后免疫再次遇到该种成分，就会引发免疫变态反应。

15. 猪在免疫时出现疫苗过敏反应的表现是什么？

给猪进行免疫接种时，对发生过敏反应的临床表现有两种，即局部性反应和全身性反应。

（1）局部性反应：猪贪睡、高热、不食，同时注射部往往出现肿胀、热痛，以上症状一般情况下可自愈。

（2）全身性过敏反应：多在注射疫苗后 5 分钟内出现。主要表现为全身出汗、肌肉震颤、体温升高，白毛猪可看出皮肤明显充血发红，呼吸急促，口中流涎，结膜潮红，呆立不动，运动时步态不稳，视力障碍。

16. 猪在免疫时出现疫苗过敏怎么办？

（1）若出现全身症状，应及时肌内或皮下注射 0.1% 肾上腺素液（每头 1～2 毫升），一般经过 10～20 分钟可缓解症状，若症状不能得到缓解，可用地塞米松磷酸钠注射液（按 10 千克体重注射 1 毫克的剂量计算），肌内注射，经过 10～15 分钟得到缓解。抗过敏药物使用的剂量应视猪体重而定。

（2）用 1% 硫酸阿托品肌内注射，大猪每头 3 毫升，小猪每头 1 毫升。

（3）对体温升高到 40.5℃左右的猪，可用青霉素加链霉素进行治疗；对食欲不振的猪还可配合使用维生素 B_1、维生素 B_{12}、维生素 C 等免疫增强剂。

（4）在注射药物的同时要大量供应葡萄糖、电解多维饮水，促进解毒和排泄。饲料中可添加 5% 的维生素 C 粉，活化细胞，提高免疫力。

（5）减少人猪嘈杂声，创造安静环境，预防和减少各种应激因素，有利于发生过敏反应的猪恢复。

（6）注射疫苗时要用科学方法保定；注射后要观察 1 小时，至少 30 分钟后没有反应时再离开。

17. 不需要进行免疫的常见猪病有哪些？原因有哪些？

随着时代的变迁，养殖方式的变化，抗菌药物的广泛应用，营养的改善，消毒措施的实施，使得原本猪场顽固的猪病不再成为主角或是销声匿迹，许多原本要靠疫苗控制的疾病现在也基本不用了。目前主要有猪丹毒、仔猪红痢、猪大肠杆菌（仔猪黄白痢）病、猪传染性胃肠炎、猪链球菌病、猪肺疫、猪气喘病、副猪嗜血杆菌病等。

这些曾经风靡一时的猪病，现今基本不必要做疫苗免疫，原因主要有以下几个方面。

（1）随着集约化养猪的发展，水泥地面取代了泥土地面，放牧改成了圈养，抗菌药物的广泛应用，营养的改善，消毒措施的实施，使得原本是三大疫病之一的猪丹毒在猪场几乎销声匿迹，魏氏梭菌感染引起的红痢也少见。随着哺乳料的优化，仔猪饲料酸化膨化等技术的应用，优质无抗营养因子蛋白取代大豆蛋白，高床产仔的普及，仔猪黄白痢也不再是产仔房中令人头疼的事了。至今仍将猪丹毒、红痢、黄痢作为必需免疫的猪场，应考虑改变免疫谱并优化免疫谱。

（2）猪传染性胃肠炎流行暴发急剧减少，严重性、流行程度都大为减轻。饲养条件逐步提高，保温设备齐全，此项免疫可以省略。

（3）猪链球菌病即使免疫，免疫失败仍不鲜见。其部分原因在于链球菌有 32 个以上的荚膜型，疫苗的荚膜型针对性不够，同时带有荚膜的细菌免疫原性弱；疫苗灭活中导致保护性抗原降解或者抗原性丢失。另外，猪链球菌是猪扁桃体的常在菌，清除净化并非易事。但是，在控制密度后可大大减少发病，发病后，有较多的药物效果好，例如庆大霉素、阿莫西林、氨苄青霉素等。当前，本病多呈散发。我们如果为了控制散发病例而动用全群免疫实为得不偿失。

（4）现在猪肺疫作为独立的疫病出现在猪场虽极为少见，但是，在剖检呼吸障碍综合征的病猪时，常可发现猪肺疫的病变，培养也常检出有多杀性巴氏杆菌。于是有的猪场在已排满的免疫谱上又添加猪肺疫。事实上，即使做了猪肺疫的免疫仍不能改变原来的状况。因此，改善管理，全进全出，减少氨气、硫化氢等有害气体，将气温变动和空气尘埃控制在最低限度，加上控制好猪场目前常见原发病，该病将无隙可乘。

（5）现在有典型性猪气喘病病变的猪不多见，剖检中多只存在少量轻微的病变，但致命的病变是其他相关疾病导致的，特别是猪繁殖与呼吸综合征病毒、伪狂犬病病毒、猪呼吸道冠状病毒流行后，肺炎支原体在发病中的地位应重新审视。此病可以进行净化。

18. 哪些原因引起猪皮肤苍白？如何解决？

（1）营养不良。如蛋白质、维生素、微量元素缺乏，尤其是铁、硒及 B 族维生素的缺乏。可在饲料中添加多种维生素、维生素 E-亚硒酸钠粉可有效满足猪对各种维生素、微量元素及多种氨基酸的需求，也可以注射铁制剂。

（2）胃肠道寄生虫感染严重。如蛔虫、蛲虫、钩虫等。用伊维菌素、左旋咪唑、芬苯达唑等对各种体内外寄生虫有很好的驱杀效果。

（3）血液原虫感染。如附红细胞体、巴贝西原虫、焦虫、钩端螺旋体等。30% 长效土霉素、丫啶黄、黄色素、血虫净等可有效防治各种血液原虫。

（4）胃溃疡引起的。防止饲喂发霉、酸败饲料及各种应激因素等。饲料中添加氧化镁、小苏打等可降低胃溃疡的发生率。

（5）增生性肠炎造成的。泰妙菌素、头孢、磺胺药等可有效防治此病。

（6）其他原因引起的胃肠道出血。如红痢、血痢及血便综合征。

（7）慢性消耗性疾病引起的，如腹泻、结核等。应加强饲养管理，减少腹泻发生。发病后应进行及时有效的治疗。

（8）外伤及其他器官的腹部出血。如咬尾、肝、脾破裂等。应加强饲养管理，平衡饲料营养，减少各种意外损伤。

19. 猪出现泪斑是怎么造成的？如何治疗？

（1）猪泪斑虽然不会造成死亡，但影响免疫力，使其生长缓慢。造成此类情况主要有以下几种原因。

① 由内热引起的。中医认为肝主目，主筋，开窍于目，特别是肝血的滋养，泪从目出，故泪为肝之液。在病理情况下，肝的病变常常引起泪的分泌异常。如肝之阴血不足，则泪液减少，两泪干涩；肝经风热，则两目流泪生屎。所以，所有造成肝脏有变化的疾病都会造成泪斑的产生，现在最常见的病症就是猪瘟、圆环病毒病、伪狂犬病的亚临床感染，即没有其他症状而单独表现出泪斑或结膜炎。② 可能是患了传染性萎缩性鼻炎。病猪眼角有泪斑，并出现鼻炎的症状，在该病发生后期，猪鼻甲骨会变形，可引起鼻泪管发炎并造成堵塞，因而分泌物眼泪无法通过鼻泪管到达鼻腔而从眼角流下，沾上灰尘后形成泪斑，甚至在眼睛周围形成黑眼圈。如炎症沿着鼻泪管延伸至眼，则会出现明显的结膜炎症状，出现红眼病。除有泪斑外，喷嚏、结膜炎是该病的重要参考因素，鼻甲骨萎缩、鼻腔萎缩蜷曲基本上可作为确诊的依据。③ 可能是空气质量不好，氨气味太浓刺激引起。

（2）治疗这类疾病要遵循 3 个原则：料中加入清热的中草药，忌用黄芪多糖的补药；使用抗菌消炎药，预防传染性萎缩性鼻炎；改善猪场环境；定期保健；搞好通风。预防一些疾病的亚临床感染是预防猪有泪斑的根本措施。

20. 猪发病后毛孔出血究竟是什么原因造成的？

近些年在一些高热病和重大疫情出现时，病猪毛孔常有出血现象，常见于耳朵、眼周、背部，出现针尖到粟粒状出血点，尤其以颈部猪鬃处最为明显。造成毛孔出血的原因主要有以下原因。

（1）猪毛孔出血并非所有传染病的固有症状。

只有当动物体内红细胞被破坏，粒细胞减少，血小板减少的情况下才会出现毛孔及内脏出血现象。当我们发现猪毛孔出血时往往都是经过几天治疗后，现在有些资料和杂志也把毛孔出血列为某些传染病的临床症状之一，但毛孔出血现象不是病情很重或不治之症。首先从传染病来看，猪瘟是皮下针尖状出血点或出血斑，指压不褪色；猪丹毒是菱形或不规则形紫红色斑块，高出皮肤，指压褪色；猪肺疫、败血型链球菌、副猪嗜血杆菌等都是呈现弥漫性出血斑，并且具有各自独特的临床症状。除猪附红细胞体因为红细胞被附红体破坏有毛孔出血现象外，其他传染病很少有此现象。

（2）多次、大剂量使用解热镇痛药也会造成猪毛孔出血。

当猪出现高热时用退热药加抗生素是最有效的治疗方法。其实毛孔出血现象都是用药不当惹的祸。尤其是解热镇痛药，虽然解热镇痛抗风湿作用较强，疗效较好，但是长期大剂量使用能引起血小板减少和粒细胞减少。当猪一出现发热，在没有确定具体病症的情况下，胡乱用退热药且反复用药不可取。殊不知发热是机体在受到病原微生物侵害时，机体出现的一种免疫系统的保护性反应。这时我们应该通过临床症状、疫苗免疫情况、疾病流行季节、发病特点、实验室诊断，必要时通过剖检等诊断方法和措施，确定病症，对症下药。而不应该在没有确诊是什么病的情况下一味使用退热药进行治疗。

目前，兽药厂生产的兽药多为复方制剂，差不多都含有退热药(有针对性的部分药除外)，有些兽药只注明含有“特效退热成分”。在治疗中为追求疗效，往往随便加大用药量；或在联合用药时A药含有解热镇痛药，B药也含有解热镇痛药，这就在不知不觉中加大了解热药的用量，造成猪毛孔出血。

在治疗风湿症时，单纯使用解热镇痛药连续几天后，也出现猪毛孔出血症状。

21. 为了减少猪毛孔出血的发生，在使用解热镇痛药时要注意哪些事项？

（1）购药时向厂方问清楚复合制剂的有效成分及含量。

（2）弄清楚用药的剂量。

（3）防止超剂量用药和重复用药。

（4）如果必须使用解热镇痛药，最好同时使用维生素 C 或维生素 K_3，既可增强猪的免疫力又可防止毛孔出血现象。

（5）选用成分单一的药。根据具体症状、病情配伍用药也比较好。

22. 猪病治疗难的原因有哪些？

（1）疾病表现复杂，诊断困难。目前，多病原混合感染已成为猪病发生的主要形式，使得临诊表现和病理变化不及单纯感染那么典型。同时，非典型化病例的出现，使得猪病诊断更加困难。如果只凭经验诊断，其结果可想而知。疾病诊断是治疗的前提，若诊断差之毫厘，治疗则谬以千里。因此，当前猪病治疗难的主要原因之一就是诊断困难。

（2）混合感染，影响疗效。当前猪病流行特点之一就是多病原引起的混合感染，多重感染带来的后果就是增加了诊断和防治的难度。同种治疗方法在单纯感染和混合感染病例上呈现出的疗效存在差异。这是由于细菌混合共存，其中一些病菌能抵御或破坏宿主的防御系统，使共生菌得到保护；更为重要的是混合感染常使抗生素活性受到干扰，体外药敏试验常不能反映出混合感染病灶中的实际情况，故增加了治疗难度。

（3）免疫抑制病危害严重。引起免疫抑制的病因有非传染性因素和传染性因素两大类。非传染性因素有霉菌毒素、营养缺乏、药物因素及应激因素等；传染性因素免疫抑制病主要是免疫抑制因子会破坏机体免疫系统，导致机体暂时性或永久性的免疫应答紊乱，增加了对某些疾病的易感性。因此，在治疗时，除应对因治疗外，提高机体免疫力也尤为重要。

（4）有些病无药可医。到目前为止，许多传染病尚无有效治疗药物，特别是病毒性传染病，治疗难度非常大。

（5）兽药质量存在问题。

（6）用药不当。目前，药物使用上存在的主要问题有给药途径不当、疗程不够、盲目联合用药、复合药物成分不明，另外，耐药菌株不断产生，出现了所谓的“超级细菌”，严重影响治疗效果，增加了治疗难度。

(7) 细菌产生耐药性。由于滥用抗生素，细菌耐药性越来越普遍。

(8) 猪病防治观念不正确。猪传染病控制原则是“预防为主，治疗为辅，防重于治，防治结合”。认为传染病都是可以治疗的，把平时的重点放在治疗上。淡化了饲养管理、生物安全等综合防制意识。

(9) 猪病出现新变化。随着我国养猪业的发展，猪病呈现出许多新特点，也增加了猪病治疗的难度。

① 新病不断出现，如猪圆环病毒病、肠道病毒感染等。② 表现形式呈现出非典型化或亚临床感染。③“综合征”疾病群相继出现，如高热征候群、呼吸道综合征、繁殖障碍综合征等，病因复杂，治疗难度大大增加。④ 老病新形式。如高致病性蓝耳病。

23. 春夏之交猪病如何防治?

春天，万物更新，细菌、病毒容易滋生繁殖，免疫能力和抗病力下降，所以每年春夏之交，猪容易发生疾病和死亡。常发病有猪流感、猪流行性乙型脑炎、猪口蹄疫、猪传染性胃肠炎等。

(1) 猪流感：多呈地方流行性，猪群最早出现流感常与外面引进猪有关，很多猪场流感暴发是由猪只从感染猪群转移到易感猪群引起的，病猪和带毒猪是主要传染源，主要经过鼻、咽途径传播。本病没有较好的治疗措施，只有采用对症治疗的药物来减轻病情，避免继发感染。同时保持环境卫生，定期对猪舍进行消毒，及时取暖保温等。另外需要注意的是要防止猪与感染动物包括发生流感的饲养人员接触。

(2) 猪流行性乙型脑炎：本病为自然疫源性传染病，有明显的季节性，主要通过带病毒的蚊虫叮咬而传播。为了提高猪的免疫力，可接种乙脑疫苗。使用疫苗时应注意：一定要在当地蚊蝇出现季节前的1~2个月（一般在3~4月）接种，注射一次即可，如做二免效果更佳（可采用3、4月各免疫1次）。

（3）猪口蹄疫：潮湿与闷热是口蹄疫病毒的温床。在规模化猪场密闭的地方，本病无明显的流行性。在疫区要用与当地流行的相同血清型、亚型灭活苗进行免疫接种。猪群发生口蹄疫后可涂抹或喷洒10%碘甘油，同时要抗菌消炎；对粪便进行堆积处理或用0.5%过氧乙酸进行带猪消毒，猪舍、场地和用具用5%火碱进行消毒，一天1次，连用7天。

（4）猪传染性胃肠炎和流行性腹泻：病猪和带毒猪是该病的主要传染源，特别是猪舍密闭、环境湿度大、饲养集中的猪场更易传播。本病尚无有效的治疗药物，在患病期间大量补充糖盐水、口服补液盐等，供给大量清洁的饮水和易消化的饲料，可使病猪加速恢复。口服庆大霉素、卡那霉素、氟苯尼考等可防止继发感染。生产中应特别注意不要从疫区引进种猪，以免病原传入。应加强猪场的卫生管理，注重保温，定期消毒，科学免疫。

24. 夏季引起猪病发生的原因有哪些？如何防治？

夏季天气变暖，给一些疾病流行创造了条件，如果不做好疾病预防，易给养殖业带来经济损失。夏季常见猪病的流行原因主要有以下几个方面。

（1）饲养管理不当。密闭猪舍通风不良，造成有害气体严重超标。如果湿度过高，则为一些条件性致病菌创造条件，使之大量繁殖，造成大量猪只得病。对于在开放或半开放猪舍饲养的猪只，过热的环境温度同样不利于动物的生长发育。所以，我们应创造良好的饲养环境，如猪舍内要阳光充足，通风良好，冬暖夏凉，排风通畅等。另外，良好的饲养管理，还可使猪只健康生长，防止各种传染病的发生。

（2）饲料品质不良。夏季气候潮湿，不利于饲料的保存，易发生腐败变质，若饲喂了这些饲料，则可使各种致病性微生物乘虚而入，特别容易发生一些中毒病，应予以重视。

（3）气候变化。夏季气温高，湿度大，天气剧变，有利于某些病原微生物的繁殖，成为夏季猪病流行的重要诱因。气候变化使猪只的抵抗力降低，造成某些传染病的感染，以致死亡。

（4）消毒不彻底或不消毒。对于一些中小型养猪户来说，大家往往忽视这一环节，成为夏季猪病流行的另一诱因。

（5）人为传播因素。如人的流动，特别是某些病死猪肉在市场上的销售，使疫病广泛传播，造成经济损失。

为了更好地防治夏季猪病，主要采取以下几个措施。

（1）重点是灭蚊和驱除猪体内外寄生虫。

（2）阉割、断尾时应注意器械的消毒。

（3）注射时应注意更换针头，减少人为传播的机会。

（4）做好药物预防，可用土霉素等抗生素定期拌料，效果较好。

（5）做好猪圈的灭鼠工作，禁止猪吃到鼠或其他的动物尸体。

（6）猪舍应保持清洁，定期消毒。一般每 3 天带猪消毒 1 次。

25. 冬季猪病如何防治？

冬季天气阴冷，光照少，刮风大，但因猪舍内保暖和通风不良，猪的许多病原微生物（包括病毒、细菌和寄生虫等）易于繁殖和存活，导致猪的抵抗力下降，许多病菌乘虚而入，促成疫病的发生和严重化，因而冬季是猪病的高发季节，必须予以高度重视，预防为主，切实做好疫病的防治工作。猪群中保育猪更容易发病。冬季常发的猪病有大肠杆菌病（仔猪黄白痢、猪水肿病）、链球菌病、副猪嗜血杆菌病、猪肺疫、猪流感、猪传染性胸膜肺炎、猪蓝耳病（猪繁殖呼吸障碍综合征）、猪圆环病毒病、猪传染性胃肠炎、猪流行性腹泻等。

针对冬季猪病的防治应做到以下几点。

（1）加强饲养管理，提高饲料中营养水平和营养成分的合理搭配。

（2）饲料中适当添加脱霉剂。

（3）减少应激因素，注意猪舍的保暖和通风，通风换气要在保温的基础上进行；密度恰当；消毒和疫苗接种宜在中午前后进行。

（4）制定科学合理的免疫程序并认真执行。

（5）搞好猪场周围环境卫生，定期进行消毒，杀灭环境中病原体。一般每半个月至1个月进行1次环境大消毒，常用消毒药是5%火碱。

（6）定期驱虫。一般每3个月进行一次驱虫。

（7）实行自繁自养方式，控制猪和人员的流动。禁止无关人员进入生产区，不要盲目从外场引猪。

（8）要及时发现病猪，及时处理。

26. 外购仔猪应怎样预防猪病的发生?

外购仔猪由于反复捕捉、运输，加之饥饿、环境改变等应激过大，到场后容易发生腹泻、水肿病、呼吸道感染等，因此，要做好外购仔猪猪病的预防工作，主要做好以下几点。

（1）尽量减少应激。

（2）饮水或饲料中添加电解多维和10%葡萄糖，连用2周。

（3）3～5天内只喂七八成饱。

（4）购入7天内不进行任何疫苗接种和去势等工作。

（5）进舍后可以注射30%长效土霉素、氟苯尼考、头孢类药物，以防感染，提高猪自身的抵抗力。

（6）进猪前猪场应进行彻底消毒，进场后每隔3天进行一次带猪消毒。

（7）最好在同一猪场购入日龄、体重相近的仔猪。

（8）购入后让仔猪充分休息和提供安静的环境。

27. 猪场药物保健措施有哪些?

当前，猪群中发生的疫病种类越来越多，病情越来越复杂，造成重大的经济损失，严重影响了养猪业的持续发展。在防控这些疫病的发生与传播中，除了做好疫苗免疫预防、提高特异性免疫力、搞好疫病检疫与监测、加强科学的饲养管理、落实好各项生物安全措施和控制好养猪的生态环境等工作之外，还应根据猪只不同的生长阶段疫病流行的特点，有针对性地选用药物进行保健（预防），全面提高猪只的非特异性免疫力，这也是动物疫病防控中贯彻“预防为主”方针的一项重要的具体措施，应予以重视。因此，猪场药物保健主要有以下几个方面（仅供参考）。

（1）哺乳仔猪药物保健：仔猪出生后，吃初乳之前，每头口服庆大霉素；1 日龄、7 日龄、21 日龄时，每次每头肌注长效土霉素 0.5 毫升；或者头孢类药物实施三针保健也可以。仔猪 3 日龄时，每头肌注牲血素或富铁力和 0.1% 亚硒酸钠 - 维生素 E 注射液；断奶前 3 天饲料中可以添加多种维生素、葡萄糖、E—硒粉。

（2）保育仔猪的药物保健：仔猪断奶转入保育猪舍后，饲料中要添加土霉素、强力霉素、氟苯尼考、阿散酸、多种维生素等，以提高猪体的抵抗力，减少应激。

（3）育肥猪的药物保健：每月添加土霉素、多种维生素、E—硒粉，连用 5 ~ 7 天。

（4）妊娠母猪药物保健：母猪产前、后各 7 天饲料中添加土霉素、多种维生素、E—硒粉，或肌内注射头孢类药物；产后可用产后康或宫炎康。药物保健净化了母猪体内的病原体，母猪产仔后很少发生子宫内膜炎、阴道炎及乳房炎，奶水充足，产下的仔猪健康、成活率高。

28. 给猪进行药物保健时应注意哪些事项?

（1）要根据当地与本场猪病发生流行的规律、特点及季节性，有针对性地选择高效、安全性好、抗病毒与抗菌谱广的药物用于药物保健，才能收到良好的保健效果。并要定期更换用药，以免细菌对药物产生耐药性。

（2）要按药物规定的有效剂量添加药物，严禁盲目随意地加大用药剂量。

(3) 要科学地联合用药，注意药物配伍。用药之前，要根据药品的理化性质及配伍禁忌，科学合理地搭配，这样不仅能增强药物的预防效果，扩大抗菌谱，又可减少药物的毒副作用。

(4) 要认真鉴别真假兽药。

(5) 要按国家规定的兽用药品休药期停止用药。

(6) 实施药物保健时要避开给猪进行弱毒活疫苗的免疫接种，最好二者间隔 2～3 天的时间，否则影响弱毒活疫苗的免疫效果。

29. 以神经症状为主的传染病有哪些？怎样防治？

目前以神经症状为主的传染病有猪链球菌、猪水肿病、猪李氏杆菌病、猪破伤风、猪伪狂犬病、猪乙型脑炎、猪传染性脑脊髓炎、猪先天性震颤等。

(1) 链球菌病：病原是溶血链球菌，多发于新生仔猪和哺乳仔猪。主要症状是最急性突然死亡，急性或亚急性表现体温高 (42～43℃)，有明显的神经症状，转圈、昏迷、惊恐、倒地四肢划动。剖检变化为脊髓液增加，脑血管充血，脑膜有轻度化脓性炎症。

防治方法：注射链球菌菌苗可达到预防的目的，用青链霉素合剂、磺胺类药、恩诺沙星等抗菌药治疗效果较好。

(2) 猪水肿病：病原是败血型大肠杆菌。在变温、断奶、换料等应激条件下易发，多发于断奶后体重 20～30 千克、吃得多、长得快的猪。病猪表现体温不高、兴奋不安、盲目行走、转圈、肌肉震颤、倒地抽搐、昏迷、四肢呈游泳状划动、皮肤敏感、头脸水肿。剖检可见腹部皮肤有红斑，皮下和胃肠水肿。

防治方法：预防本病重要的是改善饲养管理，减少各种应激因素，还可注射水肿病菌苗。发病早期使用恩诺沙星等抗菌药物，并注射亚硒酸钠、维生素 E、维生素 B_{12} 等药物，可取得明显效果。

(3) 猪李氏杆菌病：病原是李氏杆菌，人兽共患，猪和多种动物都可发病，仔猪以散发为主。主要症状为高热（42℃左右）、震颤、不平衡，前腿僵直，后肢拖拉，非常敏感。剖检为脑膜炎，局灶性肝坏死。

防治方法：灭鼠、驱虫、消毒，用大剂量的磺胺类药物或链霉素治疗效果很好。

（4）猪破伤风：病原是破伤风杆菌，主要为创伤感染，猪多由阉割消毒不严而感染。临床症状是四肢僵直，两耳竖立，尾不摆动，牙关紧闭，重者发生全身痉挛及角弓反张；对外界刺激兴奋性增高，常有吱吱的尖细叫声；如治疗不及时或治疗不当常常死亡。

防治方法：防止外伤发生，特别是在猪阉割时，要做好器械和术部的消毒工作，为预防感染，可在去势的同时，给猪注射破伤风抗毒素血清3 000国际单位，有较好预防效果。

（5）猪伪狂犬病：病原是猪伪狂犬病毒，猪和多种动物均发病。10～20日龄哺乳仔猪发病率高，致死率高达95%，2月龄以上至成年母猪均可发病。临床症状为仔猪体温41～42℃，兴奋不安、间歇性转圈、昏迷、咳嗽、呕吐、流涎、惊恐，母猪发病流产，产死胎、木乃伊胎。剖检主要变化是肺水肿、肝有坏死灶。

防治方法：本病关键在预防，注射猪伪狂犬病疫苗预防效果好，而应用常规药物治疗均无效，发病初期用猪伪狂犬病抗血清治疗有一定效果。

（6）猪传染性脑脊髓炎：病原是传染性脑脊髓炎病毒，主要是2周龄以内的仔猪感染发病，病毒通过上呼吸道感染。临床症状为发热、精神沉郁、呕吐、便秘、犬坐姿势、中枢神经症状。剖检变化为血管周围有管套细胞增生。

防治方法：防治本病至今没有疫苗，发病也没特效药，一旦发病，病猪应迅速淘汰，无害化处理，场内彻底消毒。

（7）猪乙型脑炎：病原为乙型脑炎病毒，本病通过蚊虫叮咬传播。猪常突然发病，体温升至40～41℃，呈稽留热，持续数日或十余天。病猪精神委顿、嗜睡，食欲减少或废绝，饮欲增加，有的可见有一过性的发热和精神、食欲不振的表现。个别猪后肢呈轻度麻痹，步行不稳，摇头，视力减弱，乱冲乱撞，后肢麻痹，最后倒地不起而死亡。肉眼病变主要在脑，可见脑脊髓液增多，脑膜充血、出血和水肿，脑实质软化，切面可见充血或散在小点出血。肝、肾肿大；肺充血、水肿，心内外膜出血。

防治方法：无特殊治疗办法，对猪来说也无治疗必要，多为隐性感染，一旦确诊或疑为病猪时，应采取果断的淘汰措施。在蚊虫到来前1~2个月接种乙脑疫苗，效果较好。

（8）猪先天性震颤：病原是遗传因素或病毒感染。初生仔猪易患此病。症状为肌肉震颤。剖检无肉眼病变。

防治方法：防止近亲交配，对有病史的公母猪予以淘汰，发病仔猪一般不用治疗，只要人工扶助，保证吃上母乳特别是初乳，即可自行康复。

30. 仔猪拉稀的原因有哪些？

（1）营养和饲养管理引起的拉稀。这种腹泻常见的原因有十多种，如母猪的乳量不足，代乳料消化不良，维生素、矿物质缺乏，仔猪日粮中过量添加铜，饮水中金属离子超标，仔猪断奶、分群、转舍等应激性因素都能导致拉稀。

（2）环境因素（物理因素）。如环境温度低等。

（3）生理因素。如低血糖、消化不良等。

（4）细菌引起的拉稀。常见有黄痢、白痢、红痢、副伤寒和痢疾等。

（5）病毒引起的拉稀。常见有传染性胃肠炎、流行性腹泻、轮状病毒感染等。

（6）寄生虫引起的拉稀。常见有线虫、绦虫、球虫等。

31. 仔猪拉稀如何防治？

（1）提高猪舍温度（重点要提高仔猪腹部温度），搞好环境卫生，定期消毒，有效地消灭环境中的病原微生物是防止仔猪腹泻的关键。

（2）科学饲养管理好母猪。对有寄生虫病的地区做好定期驱虫，防止通过母猪传染虫体。

（3）做好母猪分娩前后的护理与防病。母猪于产前40天和15天各接种一次大肠杆菌苗。对有流行性腹泻或传染性胃肠炎发生的地区，可于产前20~30天注射流行性腹泻和传染性胃肠炎二联灭活苗一次。母猪进产房前，必须对产圈彻底清扫、冲洗和认真消毒；母猪做一次驱虫。母猪进入产房后和临产中，用温热的0.1%高锰酸钾液擦洗母猪的阴户、乳房。仔猪吃初乳前挤掉头两把奶，辅助初生仔猪尽早吃上吃好初乳，也是防止母猪乳房炎和仔猪腹泻的重要措施。

（4）补充铁制剂。仔猪出生后3周内生长较快，每头仔猪每天约需3毫克铁，而母乳仅能提供1毫克铁，给出生3天和10天的仔猪人工补给含钴、硒的铁制剂，可防止仔猪缺铁性贫血造成的生长不良，增强仔猪体质，减少拉稀的发生。

（5）提早补料。早补料可刺激胃肠发育，加强胃肠机能，有利于仔猪消化，提高饲料消化率，减少胃肠病。

（6）猪抓好断奶关。仔猪断奶尽量减少刺激，断奶后7~10天仍保持用哺乳料，以后逐渐换料。

（7）采取全进全出饲养方式，消除带菌猪，彻底消毒圈舍，净化养殖环境，有利于预防仔猪拉稀的发生。

（8）药物预防。仔猪出生后用链霉素、庆大霉素、氟哌酸滴入2滴，1小时后再喂初乳，以消炎制菌，减少和防止仔猪的拉稀。

32. 出生仔猪出现震颤是怎么回事？

出生仔猪震颤也称“抖抖病”，如果仔猪能正常吃奶，一般在生后3~4周即可恢复正常。先天性震颤是由一种未知病毒引起的，具有一定的传染性。引起出生仔猪震颤的原因主要有以下几点。

（1）缺铜：饲料缺铜或铜代谢障碍。铜是猪体内神经髓鞘形成过程中一种重要酶的组成成分，缺铜使该酶活性下降或酶含量不足，造成神经髓鞘发育不良而导致出生仔猪震颤。

（2）猪瘟病毒：母猪在怀孕期间感染猪瘟病毒或猪瘟疫苗接

种不当，造成胎儿感染猪瘟病毒而出现新生仔猪震颤。

（3）圆环病毒：怀孕母猪感染圆环病毒Ⅱ型，会使新生仔猪震颤。

（4）霉菌毒素中毒：怀孕母猪长时间采食含有霉菌毒素的饲料，会引起新生仔猪震颤。

33. 猪繁殖障碍性疾病有哪些？如何鉴别？

猪繁殖障碍性疾病主要有猪蓝耳病（繁殖与呼吸障碍综合征）、猪伪狂犬病、猪细小病毒病、温和型猪瘟、猪乙型脑炎、猪衣原体病、猪布氏杆菌病、猪附红细胞体病等。在临床上要注意鉴别。

（1）猪蓝耳病是由猪繁殖与呼吸综合征病毒引起的以母猪发热、厌食、流产、死胎、木乃伊胎、弱仔等繁殖障碍以及仔猪的呼吸道症状和高死亡率为特征的一种疾病。多发生于怀孕100天以后，死胎较大，肺有水肿。

（2）猪的伪狂犬病是由伪狂犬病毒引起的，孕猪主要在怀孕中后期流产，占80%以上，有部分生后发病，表现神经症状。

（3）猪细小病毒病是由猪细小病毒引起猪的繁殖障碍病，该病的特点是95%初产母猪产出死胎、畸形胎、木乃伊胎、弱仔猪及健康仔猪，母猪无明显的其他症状。死胎大小不一，心肌坏死。在怀孕30～50天感染，主要是产木乃伊胎，如早期死亡，产出小的黑色枯萎样木乃伊胎，如晚期死亡，则子宫内有较大木乃伊胎；怀孕70天之后感染，母猪多能正常生产，但产出的仔猪带毒。

（4）猪乙型脑炎由日本乙型脑炎病毒引起的、由蚊虫传播的一种人兽共患传染病。母猪表现为流产、死胎。公猪常发生睾丸炎，多为单侧性（俗称“偏蛋”），初期肿胀有热痛感，数日后炎症消退，睾丸萎缩变硬、性欲减退、精液带毒、失去配种能力。母猪分娩期正常或延产，死胎大小均匀，四肢有畸形，脑和脑软膜充血、水肿。

（5）温和型猪瘟是由猪瘟病毒引起的，怀孕母猪感染低毒力猪瘟病毒可表现群发性流产、死产、胎儿干尸化、畸形和产出震颤的弱仔猪或外表健康的感染仔猪。子宫内感染的仔猪皮肤常见出血，且出生死亡率高。

(6) 猪衣原体病是由鹦鹉热衣原体所引起的传染病，表现有流产、肺炎、心包炎、关节炎、睾丸炎和子宫感染等多种临床症状。一般早期流产，感染后3周在血中才可检测到。

(7) 猪布氏杆菌病是由猪布鲁氏杆菌引起的一种慢性、接触性人兽共患的传染病，本病的主要传播途径是生殖道、皮肤黏膜和消化道，经常由交配时感染。可引起母猪流产、不孕、公猪睾丸炎。

(8) 猪附红细胞体病是寄生在猪红细胞表面的一种附红细胞小体，一般多发生于温暖的夏季，尤其是雨后湿度大的时候。本病是以高热稽留、皮肤发红、黄疸和母猪繁殖障碍为主，部分怀孕母猪早产、流产、死胎，偶见母猪乳房或外阴水肿，不发情或屡配不孕。

34. 引起猪呼吸道疾病的原因有哪些？

常见呼吸道疾病主要有猪蓝耳病、猪圆环病毒病、猪伪狂犬病、猪流感、猪气喘病、猪肺疫、猪传染性萎缩性鼻炎、猪传染性胸膜肺炎、副猪嗜血杆菌病、猪肺丝虫病等。引起的原因主要有以下几方面。

(1) 饲养管理及环境因素。猪呼吸道疾病的发生与猪群的饲养管理条件密切相关，主要因素有饲养密度过大、通风不良、温差大、湿度高、转群频繁、相差日龄太大的猪只混群饲养、断奶日龄不一致、没有采取全进全出的饲养模式等。

(2) 病原性因素。各种病原体的相互混合、继发或并发感染。猪呼吸道疾病的病原主要有两方面：① 潜在的病原：包括猪繁殖与呼吸障碍综合征病毒、猪支原体肺炎、猪流感病毒、伪狂犬病毒、圆环病毒、支气管败血性波氏杆菌等多种病原体。② 继发病原：如猪链球菌病、副猪嗜血杆菌病、猪肺疫、猪传染性胸膜肺炎、猪附红细胞体病等，是导致病猪死亡的主要原因。猪支原体肺炎是本病发生的根源，支原体肺炎的存在，使猪繁殖与呼吸障碍综合征等病毒以及胸膜放线杆菌等细菌的侵袭感染更加容易。

（3）免疫与保健因素。猪群免疫和保健工作不全面、后备猪免疫计划不合理，导致猪群群体免疫水平不稳定、营养和疫病等因素造成猪群免疫力和抵抗力下降等，都会造成猪呼吸道疾病的暴发和流行。

35. 猪呼吸道疾病有哪些特点？

（1）猪呼吸道疾病成为养猪业和兽医诊疗人员在临床上很棘手的问题之一，临床上母猪、哺乳仔猪、保育猪和育肥猪等各个阶段经常发生呼吸道疾患，从发病和死亡的病猪剖检变化可见肺部的病理变化具有不同的类型，包括肺脏实质肉变，肺充血、出血，肺水肿，间质性肺炎，肺脓肿，纤维素性肺炎，胸膜炎，胸腔积液，心包积液或心包炎等病变。发病猪在临床上的症状表现会出现结膜炎、大量的眼睛分泌物粘连，泪斑或泪痕，体表发热、精神萎靡，食欲减退或废绝，呼吸困难、气喘、腹式呼吸、咳嗽，生长缓慢、消瘦衰竭，死亡率升高。

（2）目前在养猪生产上所发生的呼吸道疾病多数不是单一的某一个病因，而是一类多病原继发、诱发、交叉或混合感染而形成的，是一种或多种病毒、细菌、寄生虫，辅以环境、营养等应激因素，猪只对疾病侵袭的免疫力下降等相互作用平衡紊乱而引起的混合感染。

36. 猪呼吸道疾病主要临床表现和病理变化是什么？

（1）临床表现：病猪精神沉郁，采食量下降或废绝，严重的腹式呼吸，突然气喘急促，呼吸困难，咳嗽，眼分泌物增多，结膜炎。急性发病的猪体温升高，可发生死亡。大部分猪由急性变为慢性或在保育舍形成地方流行，病猪生长缓慢或停滞，消瘦，死亡率、僵猪比例升高。哺乳仔猪以呼吸困难和神经症状为主，死亡率较高；生长育肥猪表现为发热，随之出现咳嗽、采食量下降、呼吸加快或呼吸困难，如饲养管理条件差，猪群密度过大或出现混合感染，发病率和临床表现更为严重。病猪在药物的辅助下逐渐康复，死亡率较低。

（2）病理变化：猪呼吸道疾病的病理剖检变化，主要病变在肺部，肺小叶间质增宽、质地变硬；有的出血，常有散在的红色肝变病灶，严重的有的肉芽肿，肺肉样变；有的肺外观大理石样；有的肺萎缩；有的肺部如橡皮状、花斑状；有的胸腔、腹腔、心包腔发生纤维素性炎症，心包和胸膜、肺脏与膈肌、腹腔器官和腹膜粘连；心包积液、心脏出血；胸腔、腹腔积液；肺门淋巴结肿大出血。混合感染病理变化更加复杂化，应进一步查看，肝、肾、胃、肠、淋巴结、脾都有不同特征性病变。

37. 引起猪免疫抑制性疾病的因素有哪些？

常见猪的免疫抑制病主要有猪圆环病毒病、猪蓝耳病、猪伪狂犬病、猪气喘病（支原体肺炎）等。

免疫抑制病是指由各种原因或致病因素引起，以机体免疫系统损伤造成机体抵抗力和抗病能力下降而引发的各种疾病的总称。免疫抑制有先天性免疫抑制和后天性免疫抑制。猪免疫抑制病的发生非常普遍，导致猪免疫抑制的因素很多，概括起来主要有以下几个方面。

（1）毒素因素。霉菌毒素（如黄曲霉毒素 B_1、赭曲霉毒素等）能毒害和干扰机体免疫系统正常的生理机能，猪只过多摄入会使其免疫组织器官活性降低、抗体生成减少。

（2）药物性因素。有些药物（如地塞米松等糖皮质激素类药物、磺胺类等）经常使用也能抑制免疫系统。

（3）营养性因素。某些维生素（如复合维生素 B、维生素 C 等）和微量元素（如铜、铁、锌、硒等）是免疫器官发育，淋巴细胞分化、增殖，受体表达、活化及合成抗体和补体所必需的物质，若缺乏或过多或各组分间搭配不当，可能会诱导机体发生继发性免疫缺陷。

（4）应激因素。在过冷、过热、拥挤、断奶、混群、运输等应激状态下，猪体会产生热应激蛋白等异常代谢产物，同时某些激素（如类固醇）水平也会大幅度提高，它们会影响淋巴细胞活性，引起明显的免疫抑制。

（5）化学物质因素。目前已经证实某些重金属，如铅、铬、汞等可损伤淋巴细胞、巨噬细胞等而引起免疫抑制。

（6）传染性免疫抑制性疾病。许多病原微生物均可导致机体产生明显的相应疾病的免疫抑制，如猪繁殖与呼吸综合征病毒（猪蓝耳病）、猪圆环病毒Ⅱ型（猪圆环病毒病）、猪瘟病毒（猪瘟）、猪肺炎支原体（猪气喘病）、猪伪狂犬病毒（猪伪狂犬病）、猪附红细胞体（猪附红细胞体病）等。

（7）免疫接种因素。

38. 猪免疫抑制性疾病的防治措施有哪些？

猪免疫抑制病的防治首先找出发生免疫抑制的原因，针对原因采取相应措施。

（1）避免遗传带入，避免近亲繁殖，杜绝或减少遗传性免疫抑制性疾病的发生。引进种猪或精液时应严格检疫，防止在引进优良品种的同时，带入自家猪场原本没有的疾病。

（2）切实做好病毒性疫苗的免疫接种工作。如蓝耳病病毒、猪圆环病毒Ⅱ型、猪瘟病毒、猪伪狂犬病病毒等都是猪免疫抑制病的病原，因此，必须先根据猪场实际情况制定适合本场的免疫程序，然后选择可靠、稳定的疫苗进行免疫接种。尤其是要把猪瘟控制好，否则会造成猪群的高死亡率。

（3）做好其他疫病的免疫接种。特别要做好猪气喘病疫苗的免疫接种工作，以减轻猪肺炎支原体对肺脏的侵害，从而提高猪群肺脏对呼吸道病原体感染的抵抗力。

（4）改变和完善饲养方式。养猪生产各阶段的全进全出，至少要做到产房和保育舍的全进全出，避免将不同日龄的猪混养，从而减少和降低猪蓝耳病和猪圆环病毒病的接触感染机会，尽可能地降低猪群的感染率。

（5）建立完善的药物预防方案。适当地应用药物控制猪群的细菌性继发感染。建议在妊娠母猪产前和产后阶段，哺乳仔猪断乳前后、转群等阶段按预防量适当在饲料中添加一些抗菌药物，以防治猪群的细菌性继发感染。

（6）减少饲料变质、发霉情况发生。在母猪群饲料中适当添加有效的脱霉剂，尤其是在夏季。

（7）加强消毒。重点要加强猪舍及环境的消毒，降低猪场环境病原微生物的数量。

（8）减少各种不良应激因素。应激对猪来说不可避免，但可以采取各种措施使应激降到最小化，如加强饲养管理、保证充足饮水、降低饲养密度以及人工控制舍内环境温度等。

（9）应用免疫增强剂。在饲料中添加免疫增强剂（如有机硒、黄芪多糖等）。

（10）饲料营养均衡。提高饲料中的蛋白质、氨基酸、维生素和微量元素等水平，保持饲料营养均衡，提高饲料的质量。

（11）提高呼吸器官的抵抗力。不难发现，很多免疫抑制性因素都会侵害呼吸道器官，引起呼吸道的各种症状，如猪蓝耳病导致的呼吸困难。所以改善猪场环境，接种相应疫苗，提高猪群肺脏对呼吸道病原体感染的抵抗力显得尤为重要。

39. 常见猪用药物投服误区有哪些?

（1）不太注意给药时间。不管什么药拿过来就用，不管是料前或料后、白天还是晚上。

（2）不注意给药次数。不管什么药全部一天给药 2 次或 1 次。

（3）不注意给药的时间间隔。一天给药 2 次，白天间隔太短（6~7 小时），晚间间隔太长（16~17 小时）。

（4）片面加大剂量。不管什么成分的药，不管有没有毒副作用，随意加量甚至加十几倍。

（5）不重视给药方法。不管什么药，不管什么病，全部饮水或拌料给药。

（6）不注意疗程。不管什么药，不管什么病，全部投药2天，有效果就停，没效果就换药。

（7）乱搭配用药。不管什么病，不管什么药，都加在一起用。如将头孢类药物和红霉素一起使用。

（8）不对症选药。看了说明书就用药，听别人说什么药好拿过来就用，不管对不对症。

（9）不会使用新特药。很多养殖户用过这个药、效果很好就认定了是好药，别的药都不用；不管有没有病只要症状有点像就用这个药，不管有没有耐药性。

40. 猪不宜长期使用的兽药有哪些？

（1）呋喃唑酮（痢特灵）：长期应用，能引起出血综合征。如不执行停药期的规定，在猪肝有残留，其潜在危害是诱发基因变异和致癌。

（2）磺胺类：长期应用能造成蓄积中毒，其残留能破坏人造血系统，造成溶血性贫血症、粒细胞缺乏症、血小板减少症等。

（3）喹乙醇：在饲料中添加，可促进畜禽生长，因其效果好，价格便宜，饲料厂普遍使用。但它是一种基因毒剂，生殖腺诱变剂，有致突变、致畸和致癌性。

（4）氯霉素：其对畜禽的不良反应是对造血系统有毒性，使血小板、血细胞减少和形成视神经炎。

（5）土霉素：长期大剂量使用土霉素能引起肝脏损伤以致肝细胞坏死，致使中毒死亡。如未执行停药期规定，残留使人体产生耐药性，影响抗生素对人体疾病的治疗。

（6）硫酸庆大霉素：长期使用对脑神经前庭神经有害，而且反复使用易产生耐药性。

41. 防止细菌产生耐药性并控制耐药菌的传播，必须注意哪些事项？

（1）严格掌握抗生素药物的适应症，防止滥用。治疗时剂量要充足，疗程、用法应适当，以保证得到有效血药浓度，控制耐药性的发展；病因不明者勿轻易应用抗生素；避免滥用预防用药；尽量减少长期用药。

（2）一种抗生素可以控制的感染即不采用联合用药，可用窄谱的即不用广谱抗生素。另外也应注意合理地联合用药，可以防止或延迟细菌耐药性的产生。

（3）根据细菌耐药的动态和发展趋势，有计划地分期分批交替使用抗生素，可能是一项有价值的重要措施。

（4）养猪场内严格执行消毒、隔离制度，以防止耐药菌的传播和引起交叉感染。

42. 如何对猪进行驱虫？应注意哪些问题？

常见猪的寄生虫病主要有猪蛔虫、猪类圆线虫、猪胃圆线虫、猪肺丝虫、猪小袋纤毛虫、猪鞭虫、猪绦虫、猪疥癣、猪球虫病、猪弓形体病、猪附红细胞体病等。目前较严重的主要有猪蛔虫、猪疥癣、猪球虫病、猪附红细胞体病等。

（1）猪驱虫的方法主要有口服、注射，一般是采用药物混入饲料的方法。常用驱虫药有伊维菌素、芬苯达唑、敌百虫等。

（2）给猪驱虫时应注意以下几个问题：① 选用恰当的驱虫药。目前常用伊维菌素或芬苯达唑拌料，连用 5～7 天；体外可用 2% 敌百虫或除癞灵喷洒猪体表；可用阿散酸拌料预防猪附红细胞体病，连用 5～7 天。② 把握恰当的驱虫时间。仔猪在 50 天时进行第一次驱虫效果比较好，间隔一个月再驱虫一次，以后每隔 3 个月驱虫一次。驱体表寄生虫宜在天气晴朗时进行。③ 选用恰当的驱虫方法。一般是拌料和喷洒。④ 注意加强对猪栏舍场地的消毒。驱虫后应及时清理粪便，堆积发酵，焚烧或深埋；地面、饲槽用碘制剂或醛制剂消毒；墙壁应用 20% 的石灰水消毒，以防排出的虫体和虫卵又被猪吃了而重新感染。⑤ 注意仔细观察驱虫效果。给猪驱虫时应仔细观察。若出现呕吐、腹泻等中毒症状应立即将猪赶出栏舍，让其自由活动，缓解中毒症状；严重者让其饮服煮得半熟的绿豆汤；对拉稀者，取木炭或锅底灰 50 克，拌入饲料中喂服，连服2～3 天即愈。若驱虫效果不佳，可改用中药使君子，10～15 千克的小猪每次喂 5～8 粒即可；20～40 千克的中猪，每次喂 10～20 粒，同时用生南瓜子调成糊状，拌入少量饲料喂猪，连喂 2 次，每千克体重 2 克即可。

43. 哪些疾病会引起猪皮肤发红？如何应对？

（1）猪瘟与弓形体病混合感染。病猪全身皮肤发红，有的有出血点，尤其在耳部、腹下、四肢、胸部有充血、出血及紫色的瘀血斑。出现高温稽留热现象，病猪站立不稳，并出现瘫痪现象，粪便前期干结，后期腹泻，有水痢、脓痢出现，并具有恶臭味。病猪犬坐呼吸，口吐白沫，呼吸困难，母猪流产，病的后期会出现四肢瘫痪。在诊断中，若母猪大部分出现流产现象，可怀疑本病。本病与蓝耳病、附红细胞体病病状相似，但使用血虫净、抗生素及蓝耳病疫苗免疫无效。可用猪瘟疫苗紧急接种 15～20 头份/头；硫酸卡那霉素或丁胺卡那霉素肌内注射；还可以应用磺胺类药物如磺胺－6－甲氧嘧啶或磺胺甲氧嘧啶对弓形体病进行治疗。

（2）猪附红细胞体病（红皮病）。病猪的耳、颈下、胸前、腹下、四肢内侧等部位的皮肤呈紫红色，指压不褪色。可在猪饲料添加阿散酸（每吨饲料中添加 150～180 克）。也可使用血虫净进行肌内注射。

（3）猪传染性胸膜肺炎呈散发，常与猪流感并发或继发。病猪体温 40℃ 以上，咳嗽，皮肤发红，后期呼吸困难，鼻、耳、后躯皮肤发紫、发红。剖检两侧肺呈紫红色，间质充满血样液体，表面有纤维素覆盖，病程较长的，浆膜呈红色，胸壁粘连，胸腔积液。可用磺胺类抗生素治疗和预防有效。

44. 仔猪早期断奶是一种应激吗？如何避免？

早期断奶对仔猪来说是一种应激，主要包括3个方面：一是母子分离的心理应激；二是仔猪从分娩舍到保育舍的环境应激；三是仔猪营养从母乳转向饲料的营养应激。由于这3种应激中以营养应激最为强烈，影响也最大，而心理应激和环境应激的影响则较小。为此，应在断奶前及早补料来过渡适应。实践证明，从15日龄开始，用乳猪料诱食，使仔猪在断奶前能适应植物性饲料。胃肠消化机能得到适应、锻炼和加强，断奶后1周内要逐步更换饲料（一般断奶后1～3天添加1/3仔猪料，4～6天添加1/2仔猪料），1周后采取逐渐换成仔猪料的方法，可以减轻仔猪断奶后营养应激的影响。

45. 仔猪为什么必须补铁？

铁是形成血红蛋白和肌红蛋白所必需的微量元素，同时又是细胞色素酶类和多种氧化酶的成分。由于母猪妊娠后，胎盘有屏障作用，母体的铁元素不能通过胎盘进入胎儿体内，出生仔猪体内没有铁的贮备；又由于母猪的乳中含铁极少，仔猪又不能和含铁的新鲜土壤接触，而仔猪生长很快，需要较多的铁质。如果不及时补铁，血红蛋白便不能正常形成，仔猪很快发生缺铁性贫血。仔猪缺铁症以2～4周龄的哺乳仔猪最易发生。主要表现食欲减退，被毛蓬乱，皮肤苍白，生长缓慢，腹泻等一系列症状。

46. 仔猪缺铁后会造成哪些危害？

（1）影响仔猪的造血机能。出生仔猪生长迅速，每日需铁量大大超过母乳的铁含量，如果不予补铁，仔猪常在7日龄左右出现贫血症状。

（2）影响仔猪的生长发育。铁是构成动物机体的必需元素，机体缺铁会影响DNA和蛋白质的合成。另外，缺铁仔猪的红细胞变小，这些都影响了仔猪的生长发育。仔猪体内的乳铁蛋白能够将肠道内游离的铁离子结合成复合物，以利乳酸杆菌的利用，同时其抑制了大肠杆菌的作用，能够很好地预防仔猪腹泻。缺铁会影响仔猪体内乳铁蛋白的合成，导致仔猪腹泻。

（3）影响仔猪的免疫力。免疫力低是造成仔猪发病、死亡的重要原因，仔猪20%～30%的死亡与缺铁有关。所以铁对体液免疫也有着重要影响。缺铁时吞噬细胞活性受损，机体免疫力下降。缺铁仔猪抗病力差，其实质就是缺铁影响了免疫功能，缺铁仔猪红细胞体积变小，血色蛋白降低，影响仔猪的免疫力。仔猪补铁后，血清γ-球蛋白提高了。

第二章　猪病诊断与治疗注意事项

47. 如何诊断常见猪病?

临床诊断猪病的基本方法有视诊、触诊、叩诊和听诊，但猪的解剖、生理特点（特别是肥猪）使得一般的听诊与叩诊方法的应用受到很大限制，而猪的常见传染病及多发病所表现的症状及发病原因与条件，又使某些检查方法和内容，具有较为突出的意义和价值。

（1）通过详细的视诊，以观察其整体状态变化，特别是对其发育程度、营养状况、精神状态、运动行为、消化与排泄的活动和功能等项内容，更应详加注意。

（2）注意听取其病理性声音，如喘息、咳嗽、喷嚏、呻吟等，尤其注意其喘息的特点及咳嗽的特征。

（3）测定体温、脉搏及呼吸数等生理指标，特别是体温的升高，常可提示某些急性传染病。

（4）细致检查猪体各部位及内脏器官，在普遍检查的基础上，对体表状态特别是鼻盘的湿润度和颜色、皮肤的出血点、疹块、疱疹等更应注意；通过软腹壁对腹腔器官进行深入触诊，也不应忽视。

48. 通过最普通的外表来看如何有效地诊断出猪的疾病?

为了尽量避免猪发生疾病不知道，减少不必要的经济损失，可以通过以下方法来诊断猪病。

（1）饮食：健康猪只食欲旺盛，有一定的规则；患病的猪只食欲不振或食欲废绝，饮欲不佳，假如猪不吃料或只喝几口，每天数次饮水，则可能患有热性疾病，如肠炎或其他发热疾病等。

（2）粪尿：健康猪的粪便呈灰黑色或灰绿色（因饲料而异），软硬适度，呈豆腐渣状，尿液清淡黄色。假如发现粪便偏稀呈粥状、浆状，则猪可能患有消化不良、肠炎或某些流行病；假如发现粪便呈球状，次数减少，则可能饮水缺少（尤其是食干料），青饲料缺少，或患有热性疾病或流行病；尿色发红，则是尿道或肾脏有感染出血；尿色深黄、量少，则可能患有炎性疾病，如伤风、肠炎等或患有流行病。

（3）神态：健康猪反应灵敏，目光有神，有人接近易惊起，假如猪患病则精神委顿，唤之不动，假如发烧还可能呈现颤抖。

（4）看皮肤：健康猪皮肤亮光，肌肤白中透粉（白猪）。如发现毛逆立不洁，多是饲料调配不妥，养分缺少所造成的；假如肌肤色苍白、无血色，要思考是否患有血液性疾病，如贫血、附红细胞体等；假如肌肤上呈现红色疹块，呈圆形或菱形，压之褪色，则可能因过敏引起，或患有猪丹毒；假如肌肤上有红色出血斑点，压之不褪色，则可怀疑患有猪瘟、链球菌病等。

（5）双眼：健康猪双眼明亮有神，结膜粉红。假如结膜苍白则可能患有某种血液病或营养不良；假如结膜潮红，眼屎较多，说明体温偏高，可能患有某种炎性疾病；假如结膜发绀（蓝紫色），则可能患有中毒性疾病、流行病的后期或血液循环发生了障碍；假如眼睑水肿，且在断奶前后，则可能患有仔猪水肿病。

（6）鼻镜：健康猪只鼻镜湿润，常有细小汗珠，活动时尤为显著。假如发现猪鼻镜干燥乃至龟裂，则可能体温偏高，缺少饮水，或患有某些炎性疾病或流行病；假如鼻中流出浆性或脓性鼻液，则可能患有伤风或上呼吸道疾病；假如一侧鼻孔流出脓性鼻液，且脸面部歪向一侧，则可能患有传染性萎缩性鼻炎。

49. 临床常见猪病症状诊断要点有哪些？

（1）猪腹泻。

① 生后 1～3 天发病，黄色含凝乳块稀便，迅速死亡——仔猪黄痢、脂肪性腹泻。

② 生后 3～10 天发病，灰白腥臭稀便，死亡率低——仔猪白痢、轮状病毒感染。

③ 生后 7 天左右发病，血样稀便，死亡率高——仔猪红痢、坏死性肠炎。

④ 上吐下泻，大小猪都发病，病程短，仔猪死亡率高，中大猪死亡率低——传染性胃肠炎或流行性腹泻、中毒。

⑤ 冬春发病，水样腹泻，快速脱水，乳猪多发——轮状病毒感染、低血糖症。

⑥ 潮湿季节多发，高烧 41℃左右，便秘或腹泻，耳朵、腹部红斑——副伤寒、猪瘟。

（2）母猪繁殖障碍。

① 流产、死胎、木乃伊胎及弱仔，母猪咳嗽、发热——猪伪狂犬病。

② 有蚊虫季多发，妊娠后期母猪突然流产，未见其他症状；公猪睾丸一侧肿大（俗称“偏蛋”）——猪流行性乙型脑炎。

③ 初产母猪产死胎、畸形胎、木乃伊胎，未见其他症状——猪细小病毒感染。

④ 妊娠早期流产，公猪睾丸炎——猪布氏杆菌病。

⑤ 潮湿季节多发，母猪流产，与母猪不同时发病的还有中大猪，身体发黄、血尿——猪钩端螺旋体病。

⑥ 母猪发热、厌食，怀孕后期流产、死胎，产弱仔，断奶小猪咳喘，死亡率高——猪高致病性蓝耳病。

（3）母猪产后无乳。

① 产后少乳、无乳，体温升高，便秘——猪无乳综合征。

② 母猪产后体温升高，乳房热痛，少乳、无乳——乳房炎。

③ 母猪产后从阴道排出多量黏性分泌物，少乳、无乳——子宫内膜炎。

（4）猪皮肤病（皮肤斑疹、水泡及渗出物）及神经症状。

① 5～6 日龄仔猪发病，红斑，水泡，结痂，脱皮——仔猪渗出性皮炎。

② 炎热季节猪皮肤发红，体温升高，神经症状——日射病或热射病。

③ 见光后皮肤出现斑疹，发红疼痛，避光后减轻——饲料疹或日光疹。

（5）精神及行动异常、怪叫猪病。

① 中大猪皮肤大片斑疹，发烧，咳喘，整群发育差——皮炎肾病综合征。

② 新生仔猪神经症状，体温高，妊娠母猪流产、死胎、咳喘——伪狂犬病。

③ 病猪突然倒地，四肢划动，口吐白沫死亡——链球菌性脑膜炎、仔猪水肿病、亚硝酸盐中毒、食盐中毒、氢氰酸中毒、黑斑病、甘薯中毒、砷中毒。

④ 仔猪出生后颤抖、抽搐，走路摇摆，叼不住奶头——仔猪先天性肌肉震颤、新生仔猪低血糖症。

⑤ 仔猪呼吸心跳加快，拒食，震颤，步态不稳——猪脑心肌炎。

⑥ 皮肤干燥、被毛粗乱，干眼病，步态不稳，易惊——维生素 A 缺乏症。

⑦ 流涎，瞳孔缩小，肌肉震颤，呼吸困难———有机磷中毒。

（6）仔猪全身性疾病。

① 体温升高，扎堆，眼屎黏稠，初腹泻后便秘，皮肤红斑点——猪瘟、副伤寒。

② 高热，皮肤上有像烙铁烫过的打火印，凸出皮肤——猪丹毒。

③ 体温升高，呈犬坐姿势，张口呼吸，从口鼻流出带血泡

沫——传染性胸膜肺炎。

④ 2～3 月龄仔猪体温不高，普遍长势差，消瘦，腹泻，呼吸困难——猪圆环病毒病。

⑤ 体温不高，皮肤黏膜苍白，越来越瘦，被毛粗乱，全身衰竭——铁缺乏症。

⑥ 病猪症状一致，神经异常，上吐下泻，呼吸困难——中毒。

⑦ 消瘦，全身苍白、发黄，拉稀，生长速度缓慢——寄生虫病。

（7）猪咳嗽、喘息及喷嚏。

① 育肥猪病初体温升高，咳嗽，流鼻涕，结膜发炎，皮肤红斑——猪肺疫。

② 育肥猪长期咳嗽，气喘时轻时重，吃喝正常，一般不死猪——猪气喘病。

③ 全群同时迅速发病，体温升高，咳喘严重，眼鼻有多量分泌物——猪流感。

④ 育肥猪早晚运动或遇冷空气时咳喘严重，鼻涕黏稠，僵猪——猪肺丝虫病。

⑤ 乳猪咳喘，发烧，呕吐，拉稀，神经症状——伪狂犬病。

⑥ 乳猪咳喘，颌下肿包，高烧，流泪，鼻吻干燥——链球菌病。

⑦ 乳猪咳喘喷嚏，呼吸困难，肌肉震颤，后肢麻痹，共济失调，打喷嚏，皮肤紫红——蓝耳病。

⑧ 乳猪咳喘，高热，拉稀或便秘，体表红斑，血便——弓形体病。

⑨ 乳猪打喷嚏，甩鼻，黏性鼻液，呼吸困难，鼻子拱地蹭——猪萎缩性鼻炎。

（8）乳猪呕吐。

① 呕吐，发烧，拉稀，呼吸困难，神经症状——伪狂犬病。

② 呕吐，体温升高，眼屎黏稠，初腹泻后便秘，皮肤红斑点——猪瘟。

③ 上吐下泻，大小猪都发病，病程短，死亡率高——传染性胃肠炎、流行性腹泻。

④ 呕吐腹泻，快速脱水，冬春发病，乳猪多发——轮状病毒感染。

⑤ 呕吐，拒食，麻痹，震颤，兴奋状态下死亡，心肌变性——猪脑心肌炎。

(9) 乳猪跛行。

① 腿瘸，一肢或多肢关节周围肌肉肿大，站立困难——猪链球菌病。

② 站立，行走不稳，发育好的小猪多发，脸部水肿——仔猪水肿病。

③ 蹄壳裂开、出血，腿瘸，脱毛，烂皮——生物素缺乏症、蹄部磨损。

④ 经常带猪用火碱消毒，猪蹄底部溃烂、出血，腿瘸——火碱消毒问题。

(10) 猪高烧不退。

① 2 月龄以上猪持续高烧，神经症状，震颤，仰头弓背，间歇发作——伪狂犬病。

② 高烧不退，全身初发红后发黄，背部毛根出血，高温高湿季节多发——猪附红细胞体病。

③ 高烧不退，肌肉震颤，剧烈呼吸，皮肤发紫，有应激史——猪流感。

④ 高热不退，咳喘，拉稀或便秘，体表红斑，血便——弓形体病。

(11) 猪失明。

① 失明，皮干毛乱，运动障碍，神经症状——维生素 A 缺乏症。

② 失明，神经症状，严重口渴，肌肉痉挛，体温不高——食盐中毒。

50. 如何通过出血症状辨别猪病?

出血是病理检查中最常见的，了解不同疾病的不同出血机理非常有助于对出血这一迹象的判断。以常见的猪伪狂犬病、猪蓝耳病、猪瘟三种疾病的出血为例说明。

（1）猪伪狂犬病是以败血症和坏死病变为主要特点，败血症的病变集中在肾脏与肺脏，故在急性期可见肾、肺出血性病变。肝脾的坏死灶出现得相对迟些，见到坏死灶说明病程稍长，特别是扁桃体有伪膜下出血者病程更长，多为坏死及微血管所致。

（2）猪蓝耳病所致病变集中在呼吸系统与淋巴结，呈间质性肺炎，且以细胞成分渗出为主，肺脏呈灰白色，若呈暗红色出血则为继发性感染所致；淋巴结也一样，以非红细胞的细胞成分溢出为主，故呈褐色。但是，在流产胎儿，猪蓝耳病主要损害血管系统，发生坏死性脉管炎，呈现严重出血性渗出，表现为胸腹腔血性积液；脐带出血、肾脏实质广泛出血。因此这种出血病变或多或少出现在哺乳猪或中大猪，则说明毒株毒力强盛，这种脉管炎是较大动脉的炎症，故出血特严重，面积大，出血量多。

（3）猪瘟病毒所致病变以微循环的病变为主，致毛细血管内皮细胞变性，从而导致被嗜脏器组织广泛出血且为针尖状出血。初期发生弥漫性血管内凝血，表现末梢皮肤紫红、紫黑，脾脏梗死；后因凝血因子消耗尽，才出现多器官广泛的更严重的出血，因此猪瘟的这种出血应该是较长病程的病变。与猪蓝耳病的出血不同是出血脏器组织多，但程度较轻，为针尖状。

51. 如何通过尿辨别猪病?

正常猪尿是无色或浅黄色、无异物、清水样的液体。猪排尿姿势多为四肢展开，两后肢稍向下弯。如果尿液变色、含有异物或排尿姿势改变，则多为病态。

（1）频尿：猪排尿次数增加、量少，排尿时做痛苦状，多见于膀胱炎、膀胱或尿道结石。

（2）多尿：排尿次数多、量多，多见于采食青绿饲料过多、肾脏病及代谢障碍病。

（3）少尿或无尿：排尿次数少、量少，多见于急性肾炎、脱水及热性病。无尿指屡作排尿姿势但无尿液排出，排尿时痛苦，并发出哼哼声或嘶叫，多为膀胱破裂，肾功能衰竭，输尿管、膀胱或尿道阻塞。

（4）尿闭：肾脏分泌尿液正常，膀胱充满尿液，不能排出（腹下部、两后肢前内侧用触诊方法可确诊），多见于尿道阻塞、膀胱麻痹、膀胱括约肌痉挛或脊髓损伤等。

（5）尿失禁：不能自主排尿，有时虽作排尿姿势，但无尿液排出，有时虽无排尿姿势却尿淋漓。用导尿管导尿时，可导出尿液，多见于脊髓或中枢神经系统疾病、膀胱括约肌损伤或麻痹。

（6）排尿困难：排尿时弓背努责，有疼痛表现，但排不出尿或只排出几滴尿，多见于膀胱炎、尿道炎或尿道阻塞。

（7）白色浑浊尿：排出的尿液呈白色、浑浊，静置后无沉淀物的多为菌尿；放置后有白色絮状沉淀物的为脓尿，多见于泌尿系统感染。另外，猪氯丙嗪、氨茶碱、驱虫灵中毒时，尿液也呈白色。白色尿中含有石灰样白粉或细沙样白色物，并常附着在尿道口的长毛上，为膀胱或尿道结石的症状。

（8）血红尿：开始排尿时，尿为血红色，而排尿中间或排尿后期尿液为无色，常为前尿道炎；血尿鲜红，多为尿道损伤；排尿后期血尿，常为急性膀胱炎或膀胱结石；若整个排尿过程尿液均呈血红色，表明出血部位在上部尿道或膀胱、肾脏；排血尿有痒痛表现者，多见于泌尿道结石。此外，血尿也常由药物导致的损伤引起。

（9）血红蛋白尿：尿液呈深茶色或酱油色，静置后无沉淀物，镜检无红细胞，但尿内含游离血红蛋白，常见于寄生虫病，如焦虫病、钩端螺旋体病（尿色较深，检查新鲜猪尿可发现钩状虫体）。

（10）棕色尿：常见于砷化氢及酚等中毒。

52. 如何用特征性症状诊断猪病？

（1）母猪无临床症状而发生流产、死胎、弱胎——细小病毒病、衣原体病、繁殖障碍性猪瘟、猪乙型脑炎、猪伪狂犬病。

（2）母猪发生流产、死胎、弱仔，并有临床症状——猪蓝耳病、布氏杆菌病、钩端螺旋体病、猪弓形虫病、猪圆环病毒病、代谢病。

（3）表现脾脏肿大的猪传染病——炭疽、链球菌病、沙门氏菌病、梭菌性疾病、猪丹毒、猪圆环病毒病、肺炎双球菌病。

（4）表现贫血黄疸的猪病——猪附红细胞体病、钩端螺旋体病、猪焦虫病、胆道蛔虫病、新生仔猪溶血病、铁和铜缺乏症、仔猪苍白综合征、猪黄脂病、缺硒性肝病。

（5）猪尿液发生改变的病——钩端螺旋体病（尿血）、膀胱结石（尿血）、猪附红细胞体病（尿呈浓茶色）、新生仔猪溶血病（尿呈暗红色）、猪焦虫病（尿色发暗）。

（6）猪肾脏有出血点的病——猪瘟、猪伪狂犬病、猪链球菌病、仔猪低血糖病、衣原体病、猪附红细胞体病。

（7）表现体温不高的猪传染病——猪水肿病、猪气喘病、破伤风。

（8）猪表现纤维素性胸膜肺炎和腹膜炎的病——猪传染性胸膜炎、猪链球菌病、猪支原体性浆膜炎和关节炎、副猪嗜血杆菌病、衣原体病、慢性巴氏杆菌病。

（9）猪肝脏表现出坏死灶的病——猪伪狂犬病（针尖大小灰白色坏死灶）、沙门氏菌病（针尖大小灰白色坏死灶）、仔猪黄痢、李氏杆菌病、猪弓形虫病（坏死灶大小不一）、猪的结核病。

（10）伴有关节炎或关节肿大的猪病——猪链球菌病、猪丹毒、猪衣原体病、猪支原体性浆膜炎和关节炎、副猪嗜血杆菌病、猪传染性胸膜肺炎、猪乙型脑炎、慢性巴氏杆菌病、猪滑液支原体关节炎、风湿性关节炎。

（11）引发猪的肝脏变性和黄染的疾病——猪附红细胞体病、

钩端螺旋体病、黄曲霉毒素中毒、缺硒性肝病、金属毒物中毒、仔猪低血糖、猪戊型肝炎。

（12）引起猪睾丸肿胀或炎症的疾病——布氏杆菌病、猪乙型脑炎、衣原体病、类鼻疽。

（13）表现皮肤发绀或有出血斑点的猪病——猪瘟、猪肺疫、猪丹毒、猪弓形虫病、猪传染性胸膜肺炎、猪沙门氏菌病、猪链球菌病、猪蓝耳病、猪附红细胞体病、衣原体病、猪感光过敏、病毒性红皮病、亚硝酸盐中毒。

（14）猪剖检见有大肠出血的传染病——猪瘟、猪痢疾、仔猪副伤寒。

（15）引起猪胃黏膜和小肠炎症的传染病——流行性腹泻、传染性胃肠炎、轮状病毒病、仔猪黄痢、猪链球菌病、猪丹毒。

53. 如何提高猪病治疗效果？

（1）要正确诊断，对症下药。治疗用药时不在多而在准确。好药并非价格昂贵，而是指在确诊了病的基础上对症下药，方可达到治愈的目的。治疗是以确诊为前提的，对病的认识似是而非，则只能是盲目用药或试验用药，从而影响治疗效果。

（2）忌讳滥用和误用药物。目前在任何地方都很容易买到兽药，有些人靠着一知半解的用药常识给自家猪看病，看不好时才去找乡村兽医，乡镇看不好时再到县市兽医站求诊。殊不知这样反复折腾往往使病程拖长，耽误了最佳治疗时机，甚至引起猪的并发症或继发感染，加重了病情，增大了诊治难度。养猪滥用药和误用药的现象十分严重。有的农户自作聪明，在饲料、饮水中常拌些土霉素之类的药物，似乎猪一日三餐无药则不下咽似的；还有些厂家在饲料中掺进激素，引起一系列社会公害和环境污染，危害一方。

（3）加强饲养管理，提供优质的饲料和饮水，注意猪舍保温、降温和通风。

（4）针对病原体治疗。目的是帮助机体杀灭或抑制病原体，消除其致病作用。

① 特异性疗法：应用针对某种传染病的高免血清、痊愈血清等特异性生物制剂进行治疗，如破伤风抗毒素血清治疗破伤风。在病的早期采用该疗法，常能获得良好的效果。如缺乏高免血清，大量注射耐过动物的血清也可起到一定的作用。使用异种动物血清时应注意防止过敏反应。

② 抗生素疗法：此法是治疗细菌性疾病的主要方法，但使用抗生素治疗应合理用药，才能充分发挥其疗效。

③ 化学合成抗菌药物疗法：主要有磺胺类药物（磺胺嘧啶、磺胺间甲氧嘧啶、磺胺对甲氧嘧啶、磺胺甲基异噁唑、磺胺二甲基异噁唑等）、抗菌增效剂（甲氧苄氨嘧啶、敌菌净）、硝基呋喃类药物（痢特灵）、其他药物（痢菌净、氟哌酸、环丙沙星、恩诺沙星、喹乙醇等）。在使用磺胺类药物时内服时一般首次倍量，以后间隔一定时间给予维持量；每次应同服等量的碳酸氢钠（小苏打），以碱化尿液，防止损伤肾脏；全身性酸中毒、肝肾功能异常或患溶血性贫血时慎用或禁用磺胺类药物。使用抗菌增效剂时与磺胺药或与抗生素并用，可显著增加疗效。

④ 抗病毒药物治疗：已试用的有病毒灵、金刚烷胺、病毒唑、双黄连、鱼腥草等，但治疗效果不佳，在临床上应用不多。

⑤ 抗寄生虫药物治疗：抗寄生虫药种类很多，而常用的有左旋咪唑、丙硫咪唑、甲苯咪唑、敌百虫、芬苯达唑、吡喹酮、硫双二氯酚、硝氯酚、伊维菌素、阿维菌素等。选用抗寄生虫药物要有针对性，如驱除线虫不能选择驱吸虫的药物等；注意用量，决不可超量；不能在同一时间内使用多种抗寄生虫药物，防止对机体造成严重危害。

⑥ 微生态平衡法：对肠道疾病有较满意的疗效，无任何毒副作用。目前已有制剂包括促菌生、益生菌等，已用于仔猪黄白痢等疾病的治疗。在内服微生态制剂时禁用抗菌药物。

（5）针对机体治疗。可帮助机体增强抵抗力，调整和恢复动物生理机能，促进机体战胜疾病，恢复健康。常用方法是加强护理，对症治疗。如使用退热、强心、利尿、清泻、止泻、防止酸中毒等药物，可减缓症状，促进生理机能恢复。常用解热药有安乃近、安痛定等；强心药有安钠咖、樟脑磺酸钠等；清泻药有硫酸钠、大黄、植物油等；止泻药有鞣酸蛋白、次硝酸铋等；镇静药有氯丙嗪、溴化钠等；利尿药有利尿素等；治疗酸中毒的药物有碳酸氢钠等。

54. 猪病治疗中应注意哪些问题？

（1）快速准确地诊断疾病。这是治疗任何疾病的前提条件，如果失去这个前提，任何治疗都没有意义，为无效治疗。因此，在诊断时要掌握各种疾病的流行情况、临床表现、病理剖检变化、疾病的特征及各种疾病的鉴别诊断等知识，并善于听取、分析、总结其他专家学者对疾病的见解，为快速准确地诊断疾病做好知识贮备。在实际生产中，没有进行详细诊断而盲目治疗的比比皆是。

（2）具有丰富的药理知识。在治疗中要仔细了解各种药物的特性、适用范围、使用剂量及有效配伍。在实际治疗中，经常存在药物配伍不当，甚至出现配伍禁忌的情况，造成治疗失败和大量的药物浪费。

（3）做到“早发现、早治疗”。在疾病的早期，各器官的炎症病变为可逆性的，通过合理治疗，能够恢复其功能；疾病发展到中期或晚期，各器官的炎症病变为不可逆性的（成为实质性病变或坏死），治愈的希望很小，即使治愈也变成病理性和药物性的僵猪，以后的生长发育严重受阻，生长速度非常慢。这就要求养猪者每天认真观察猪的行为变化（饮水次数增加或减少、喷嚏、皮肤颜色、咬架、扎堆、食欲不佳或不食等），发现异常应及时诊治，一旦出现不食，预示疾病已发展到中后期，增加了治疗的难度。

（4）治疗时不仅对症治疗，更要对因治疗。大多数养猪户治疗疾病时多采用解热、镇痛、消炎、止咳、平喘、止泻的方法，在药物的选择上不是根据病因选药，而是根据临床症状选药。选购药品时是看药品说明书对照猪的临床症状来选择，对药物的评判和疾病是否治愈以猪是否采食为标准，避免出现病情反复。

(5) 在药物使用方面，不提倡单一用药。因目前猪场的发病多为混合感染，建议多种药物配伍使用，才能起到很好的防治效果。

(6) 在采用针剂治疗发病猪的同时，全群应及时在饲料中添加药物，以增加针剂的疗效和防止疾病进一步扩散蔓延，保护整个群体的健康。

55. 为什么注重药物预防和保健，仍不能控制猪病呢？

(1) 药物选择不合理。平时在处理发病猪场及走访时发现，许多猪场在防治疾病时存在以下问题。

① 对疾病的复杂性认识不足和诊断不准确，盲目用药。

② 一些养殖场为降低药物成本，选用价格便宜的伪劣药品或药物使用比较单一，没有配伍用药。

③ 药理知识不足，药物配伍不合理，甚至出现配伍禁忌的情况。

④ 治疗时往往多采用对症治疗，针对引起发病的病原微生物的药物少，或使用单一药物进行治疗（源于对疾病的诊断失误）。

以上几方面都会造成药物的大量浪费和出现发病率高、治愈率低、病死率高、疾病难以控制等情况发生。针对目前猪群出现多种病原微生物混合感染的现状，一定要选择配伍科学、全面，具有广谱抗菌、抗病毒、抗原虫，提高机体免疫系统功能的药物，才能起到防病治病的效果。

(2) 药物使用的阶段不合理。

① 在疾病防治时，只重视哺乳仔猪和断奶仔猪的药物预防和药物保健，如提高营养、加强消毒、改善环境、加强免疫、三针保健计划、饲料中加药等措施，忽视了母体的净化和免疫调节（或选用的药物不当），花费了大量的人力、物力、财力，虽然起到一定效果，但不能有效阻止疾病的发生、发展和蔓延。大量成功的实践证明，只有重视了母猪的饲养管理及母体的净化和免疫调节，才

能有效控制猪群的发病。

② 在疫苗使用前没有进行机体净化和免疫调节，引起免疫失败，造成疾病暴发。

56. 猪病治疗时的给药方法有哪些？

猪给药的方法有口服（经口投药法）和注射（皮下注射、肌内注射、静脉注射和胸、腹腔注射）两种。

57. 如何给猪进行口服技术治疗？应注意哪些问题？

（1）猪口服技术治疗方法主要有以下几种。

① 拌料：将药拌入饲料中喂服，常用于猪群的药物预防和治疗，也适用于个体病猪的投药。

② 片剂或丸剂经口直接投服：即按前述经口给药保定法将猪保定，用木棒撬开口腔，另一只手将药丸或药片投入舌根部，抽出木棒，药物即可被咽下。

③ 用灌药瓶或投药管投服：适用于水剂类药物。先将药液放入啤酒瓶或一般细颈酒瓶或特制的灌药瓶中，按口服给药法将猪保定、开口，然后将药液缓慢灌入。

④ 饮水：将可溶性的药物按一定比例溶于水中，让其自由饮用。适用于猪群的药物预防和治疗。

（2）猪口服技术治疗时应注意以下几个问题。

① 拌料治疗时，先将称量好的药物放入少量饲料中拌匀，然后将含药的饲料拌入日粮饲料中，认真搅拌均匀后让猪采食。

② 饮水治疗时，要将药物稀释好，使猪只在短时间内饮完，一般在15～30分钟饮完。所以，要根据药物在水中的稳定性来确定药物在水中的保存时间。要把握猪只个体的饮水量，防止中毒或耐药性。

③ 拌料、饮水时，要按照一定的比例把药物添加进去，不能加量或减量。治疗疗程保证5～7天。

④ 用灌药瓶或投药管投服时，要等待猪将一口药液咽下后，

再灌另一口，以防误咽。

⑤ 用投药管投药时，将开口器或木棒由口的侧方插入，开口器的圆形孔置于中央，然后将导管的前端由圆形孔通过插入咽部，随着猪的咽下动作而送入食道内。吸引导管的另一端，确认有抵抗性的负压状态，即可将药液容器连接于导管而投药，最后投入少量清水，吸入空气后，拔出导管。若导管插入时有咳嗽，吸引时没有抵抗力而有空气回流时，是导管插入气管的缘故，应立即拔出导管另插。

58. 如何给猪进行肌内注射治疗？应注意哪些问题？

肌内注射法临床上应用较多，一般在颈中部注射。注射时迅速将针头垂直刺入肌肉内 3 ~ 4 厘米深，可注入药液。在使用金属注射器进行肌内注射时，一般在刺入动物的同时将药液注入。

肌内注射时应注意以下几个方面。

（1）要选择合适的针头，小猪用 12 号针头，母猪或肥猪用 16 号针头。

（2）注射时迅速将针头垂直刺入肌肉内 3 ~ 4 厘米深，以防药液注入皮下脂肪内，引起注射部位肿大，容易感染，影响药物吸收。

（3）注射前，要将注射器内的空气推出，以防引起注射部位肌肉坏死。

（4）稀释药液时要注意药液是否混浊、沉淀、过期等。

（5）动作必须轻、快而有力，且用力方向与针头保持一致。针头不得全部插入肌肉内，以免因猪骚动而折断针头，对具有刺激性的药物，如水合氯醛、氯化钙、50% 葡萄糖等不能采取肌内注射法。

59. 如何给猪进行皮下注射治疗？应注意哪些问题？

皮下注射法将药液注射于皮下结缔组织内，注射后 10 ~ 15 分钟药液被吸收。多用于易溶解、无强刺激性的药品或菌苗的注射。

部位在耳根后或股内侧。

皮下注射时要注意以下问题。

（1）要选择合适的针头，常用12号细针头。

（2）在股内侧注射时，应以左手拇指与中指捏起皮肤，食指压其顶点，使其形成三角形凹窝，右手持注射器垂直刺入凹窝中心皮下约2厘米，左手放开皮肤，推动活塞注入药液。

（3）针头刺入角度不宜大于45°，以免刺入肌层。

（4）尽量避免应用对皮肤有刺激作用的药物作皮下注射。

（5）注射少于1毫升的药液，必须用1毫升注射器，以保证注入药液剂量准确。

60. 如何给猪进行静脉注射治疗？应注意哪些问题？

静脉注射法多用于对局部刺激性较大的药液注射或急性病例的治疗。部位在耳大静脉或前腔静脉。

（1）耳静脉注射时，左手拇指和其他手指捏住耳大静脉，使其怒张，右手持注射器将针头迅速刺入静脉。刺入正确时，可见回血，然后放开左手，缓慢注入药液。注射完毕，左手用酒精或碘酊棉球紧压针孔，右手迅速拔出针头。为防止血肿，应继续紧压局部片刻。

（2）前腔静脉注射时，将猪仰卧保定，术者站在猪前方，轻移前肢位置，见第一肋前沿与胸骨柄间的凹陷，在凹陷处后1/3进针，针头向着胸腔入口中央、气管腹侧面方向刺入。

静脉注射时要注意以下问题。

（1）耳静脉注射时，选用12×38号针头；刺入时，注射器将针头约45°角迅速刺入。

（2）前腔静脉注射时，小猪针刺深度1.0~2.5厘米，中猪2.0~2.5厘米，母猪3.0~3.5厘米，大肥猪6~7厘米。

（3）注射时宜慢不宜快，尽量固定好进入血管内的针头，避免漏针。

（4）注射完毕，用消毒棉球按压住针眼，拔出针头，继续按压至针眼不再出血后解除保定。

（5）进针位置应该由血管远端开始，一次失败，可以向近端（趋向耳根一端）移动，再次进针；在静注某些药物时，还应当准备相应的急救药品，如静脉注射硫酸镁时，必须准备钙剂。

61. 如何给猪进行胸腔注射治疗？应注意哪些问题？

胸腔注射部位在肩胛骨后缘 3 ~ 6 厘米处，两肋间进针。针头进入胸腔后，立即感到阻力消失，此时注入药液。注射时，要注意不要伤到肺。

62. 如何给猪进行腹腔注射治疗？应注意哪些问题？

大猪腹腔注射法部位在右髋关节下缘的水平线上，距最后肋骨数厘米处的凹窝部刺入；小猪应倒提保定，使其内脏下移，然后将针头刺入耻骨前缘 3 ~ 5 厘米的正中线的腹壁内。

（1）注射器直接注射法：常用于乳猪、小猪。注射者右手持注射器，取与腹壁垂直方向刺入（刺入腹腔后顿感阻力骤减），后左手扶住针头及注射器末端，右手回抽检查是否有血液或内容液后，推动注射器内塞注入药液。

（2）使用输液器法：常用于中猪、大猪。注射者左手按抵注射部位，右手持针头抵住注射刺入点，待猪安静时把针头垂直迅速刺入，然后左手扶持针头，右手接上输液器，完全松开流量调节器，按常规吊瓶输入药液。

腹腔注射时应注意以下问题。

（1）药液一般需接近体温。应将药液加温至与体温相近，尤其在寒冷季节，注入大量药液时，应将液体加热到 38℃左右。但也应根据治疗需要，灵活掌握。

（2）要选择好针头（12 ~ 18 号、长 3 ~ 7 厘米）。常用于乳猪、小猪针头：12 号，长 3 厘米；常用于中猪、大猪针头：12 ~ 18 号，长 4 ~ 7 厘米。

（3）注射中需固定好针头。针头须稍压腹壁，使腹壁脏面紧贴腹膜，以免针孔扩大或针头移动于腹壁与腹膜之间，造成药液注聚夹层。如需多次注射，须避开原针头刺入点，每次注射前后，注射部位要用5%碘酊消毒。

(4) 必须在患猪机体吸收机能良好的情况下进行，对腹膜炎严重循环障碍者、尿毒症或腹腔积液者，应谨慎使用。膀胱积尿者宜先导尿。

(5) 补液浓度不可过高，禁用刺激性药物。进针深度掌握准确，过深则易伤及肠管等脏器，引起腹膜感染。根据刺入针感和药液流入快慢可以判断针刺腹腔是否准确，输液过程中注意观察患猪的反应，若挣扎过于剧烈则表明可能扎伤肠管，马上拔针另刺，推注药液先慢后快。补液器具必须严格消毒。

(6) 保定方法得当与否是能不能顺利实施补液的关键。保定原则是安全、迅速、简单、实用。常用方法有：徒手保定、钳耳保定、一侧倒卧保定或用套绳保定和猪鼻捻棒保定等，前3种保定适用于中小猪，而套绳保定常用于体大、性蛮的猪。

63. 如何给母猪冲洗子宫？应注意哪些问题？

冲洗子宫时要准备好冲洗器（由容量6 000～8 000毫升干净容器，下接1米左右可消毒软管，再接球型精液注入管而成）、洗液（要求是水质好的清洁水，如1%的高渗盐水、纯净水、蒸馏水，其中加入对猪无毒性或毒性低的碘伏），然后进行冲洗。冲洗时先清洗消毒外阴，然后将清洗管注入阴道内7.5～10厘米后暂停，使洗涤水逆流而出，至其中不含杂质为止。继续插入清洗管10～15厘米后暂停，使流出的洗涤水无杂质为止。

冲洗子宫时应注意以下事项。

(1) 洗液品质越高越好。

(2) 胎衣排出后尽早冲洗为好。若排出胎衣即行冲洗，一次即可。

(3) 冲洗后的第二天，母猪外阴部流出白色或类似脓水液体必须再冲洗。

(4) 胎衣排出后第四天，仍有分泌物，子宫颈已收缩，插入有困难，使用磺胺药或青霉素，用注射器接细输精管注入子宫内。

(5) 在胎衣排出后即行冲洗，很可能随洗液而分娩出活仔猪，这是由于子宫内有未排出的仔猪，由于刺激而顺利娩出。发现母猪努责，注意是否有活仔或死仔，要及时处理。

(6) 当母猪产后子宫感染时，可以用专用的消毒液或者人用的妇炎洁对子宫进行清洗。

64. 几种常见猪腹泻性传染病如何鉴别诊断?

病名	病原	流行病学	临床表现	病理剖检
猪副伤寒	沙门氏菌	①2~4月龄猪多发，一年四季均可发病，尤以多雨、潮湿季节发病较多。急性型死亡率较高。②病猪或带菌猪通过被污染的水源、饲料经消化道传播	①急性型（多见于断奶前后的仔猪）体温升高达41~42℃，呼吸困难，腹泻，耳和四肢末端皮肤发绀，病死率较高。②亚急性型和慢性型病猪体温升高至40.5~41.5℃，消瘦，腹泻物呈灰白色或黄绿色，带恶臭，粪便呈水样，便中混有大量坏死组织碎片或纤维素性分泌物，形如糠麸；皮肤有痂状湿疹，病程长的会变为僵猪	①急性型主要是全身淋巴结肿大、出血，心内外膜、喉头、肾、膀胱黏膜、肠浆膜等有散在的出血点，脾脏肿大，盲肠、结肠严重出血。②亚急性型和慢性型主要为盲肠、结肠坏死性炎症，肠壁增厚，表面呈糠麸样伪膜，形成圆形或椭圆形溃疡，淋巴结肿大、出血、增生，肝脏瘀血、变性，可见针尖状大小的坏死点；脾脏肿大；肾有灰白色坏死灶；肺边缘发生卡他性肺炎
猪轮状病毒病	呼肠孤病毒科轮状病毒	流行季节晚冬至早春，2月龄以内多发	表现为1~10日龄的仔猪高度腹泻，严重脱水，腹泻随断奶而增强，死亡率3%~10%，3~7天后死亡	胃内充满凝乳块和乳汁，肠管变薄、半透明，空肠、回肠内容物呈水样，肠系膜淋巴结水肿

（续表）

病名	病原	流行病学	临床表现	病理剖检
猪传染性胃肠炎	冠状病毒属的猪传染性胃肠炎病毒	流行季节每年12月至次年4月，多在2月龄以内发病	病猪口渴、呕吐、腹泻（喷射状）、脱水，粪便呈黄绿或白色，有恶臭	肠壁透明，内容物稀薄呈黄色泡沫状；胃底潮红、出血，甚至溃疡，内容物呈黄色，有白色凝乳块
猪流行性腹泻	冠状病毒属的猪流行性腹泻病毒	多在冬季流行，各种日龄均可发病	呕吐、腹泻，2～4天后死亡，病死率20%～30%	肠管膨胀扩张，充满黄色液体，肠壁变薄，系膜淋巴结水肿
猪伪狂犬病	伪狂犬病毒（猪疱疹病毒I型）	①发病急、传播快、死亡率高，一年四季都可发生，尤以冬春寒冷季节多发。②病毒主要通过已感染猪排毒直接或间接传给健康猪	新生哺乳仔猪最易感染，体温升到41～42.5℃，保育猪体温呈高热稽留，腹泻，呼吸困难，可见前撞后冲，转圈等神经症状	肺部水肿，切面可流出带泡沫状的液体；气管有溃疡；胃底部黏膜有炎症；脾脏肿胀、充血、出血，有灰白色坏死灶；肝脏有坏死灶，胆囊肿大；肾肿大，肾盂积水；脑膜明显充血；膀胱内膜水肿
猪增生性肠炎（又名坏死性肠炎、增生性出血性肠病、回肠炎、局域性肠炎以及肠腺瘤病等）	细胞内劳森菌	发病率1%～30%，死亡率1%～5%。常发生隐性感染，应激反应如天气突变、长途运输、饲养密度过大等均可促进该病的发生	①急性型表现为血色水样下痢，排沥青样黑色粪便或血样粪便并突然死亡。②慢性型主要表现为间歇性下痢，粪便变软、变稀而呈糊样或水样	小肠及回肠黏膜增厚、出血或坏死

（续表）

病名	病原	流行病学	临床表现	病理剖检
猪痢疾（又称猪血痢、猪黑痢）	猪痢疾密螺旋体	多发于每年的4～5月和9～10月，发病日龄以1～4月龄最常见	食欲减少，剧烈下痢，开始拉黄灰色软粪，后转为水泻，含有黏液、血液或血块，后期粪便呈黑色，猪只消瘦、贫血，生长停滞，病程7～10天	卡他性或出血性肠炎，大肠黏膜肿胀，皱褶明显，表层有点状坏死，黏膜出血，内容物稀薄，呈酱油色，胃底部出血或溃疡
仔猪大肠杆菌病	埃希氏大肠杆菌	一年四季流行，黄痢发病多在出生后几小时至一周，以1～3天常见；白痢发病多在10～30日龄	①黄痢表现为一窝仔猪中突然有1～2头发生全身衰竭，迅速死亡，其他猪只相继发病，拉黄色含凝乳块浆糊状稀粪。②白痢表现为拉白色或灰白色腥臭黏稠粪便，病程较长，逐渐消瘦，被毛粗乱，行动迟缓	①黄痢表现为胃膨胀，内有酸性凝乳块，胃底黏膜潮红；肠鼓气，肠腔内充满腥臭的黄色或黄白色稀粪；②白痢表现为尸体消瘦、脱水，胃肠黏膜充血，易剥落，肠内空虚，有大量气体和少量灰白色带酸臭味的稀薄粪便
仔猪红痢	C型魏氏梭菌（产气荚膜杆菌）	一年四季都可流行，以1～3日龄初生仔猪最常发病	突然排出血便，后躯沾满血样稀粪，病程长者排含有灰色坏死组织碎片，呈红褐色水样粪便，极度消瘦和脱水，一般在出生后5～7天死亡	空肠及回肠前部肠壁深红色，与正常肠段界线分明，肠黏膜及黏膜下层有广泛性出血，肠系膜淋巴结深红色，充血、出血，肠黏膜下层及肌肉层有气肿

（续表）

病名	病原	流行病学	临床表现	病理剖检
猪瘟	猪瘟病毒	发病急、传染强、死亡率高，通过直接、间接或经胎盘垂直感染，不分大小和性别，一年四季都可发病。急性猪副伤寒与该病相似	体温升高到41℃以上，高热稽留，可视黏膜和腹部皮肤呈现针尖大小的密集出血点；眼角有黏液并逐渐转为脓性分泌物；病猪便秘并附有带血黏膜，有的与腹泻交替出现；咳嗽、喷嚏、呼吸困难；颈、胸、腹、四肢内侧呈现从红色到紫色的败血症变化	①喉部、膈肌、浆膜、黏膜和肾脏、消化道等处呈广泛性点状出血；肾脏外观呈麻雀蛋样；淋巴结肿胀、潮红、充血、出血、切面呈大理石样；脾脏边缘有梗死灶，呈锯齿状；胸腔黄红色积液，肺脏充血水肿。②慢性病例在结肠回盲瓣处可见纽扣状溃疡

65. 几种猪呼吸道疾病如何鉴别？

病名	病原	流行病学	临床表现	病理剖检
猪气喘病（猪地方流行性肺炎）	猪肺炎支原体	大小猪均有易感性，其中仔猪最易发病，其次是妊娠后期及哺乳期母猪。成年猪多呈隐性感染。猪舍湿润、透风不良，猪群拥挤，最易感染发病。没有显著的季节性，但以冬春季节较多见。当天气骤变、饲养条件阴湿严寒和卫生不良时，可使病情加重，病死率增高	咳嗽和气喘。病初为短声连咳，在早晨出圈后受到冷空气刺激，或经驱赶运动和喂料的前后最易听到，同时流少量清鼻液，病重时流灰白色黏性或脓性鼻液。在病的中期有气喘症状，呼吸次数达60～80次/分，呈显著的腹式呼吸，此时咳嗽少而低沉。体温一般正常，食欲无显著变化。至病的后期则气喘加重，甚至张口喘气，消瘦，不愿走动。病程可拖延数月，病死率一般不高	病变由肺的心叶开始，逐渐扩展到尖叶、中间叶及膈叶的前下部。病变部与健康组织的界线明显，两侧肺叶病变分布对称，呈灰红色或灰黄色、灰白色，硬度增加，外观似肉样或胰样，切面组织致密，可从小支气管挤出灰白色、混浊、黏稠的液体，支气管淋巴结和纵隔淋巴结肿大，切面黄白色，淋巴组织呈弥漫性增生

（续表）

病名	病原	流行病学	临床表现	病理剖检
猪传染性胸膜肺炎	胸膜肺炎放线菌	各种年龄的猪均易感，常发生于育成猪和成年猪。主要传播途径是空气、猪与猪之间的接触、污染排泄物或人员传播。猪群的转移或混养、拥挤和恶劣的气候条件（如气温突然改变、潮湿以及通风不畅）均会加速该病的传播，增加发病的危险	①急性型是突然发病，体温达到41.5℃，早期无明显的呼吸症状，后期则出现心衰和循环障碍，鼻、耳、眼及后躯皮肤发绀，晚期出现严重的呼吸困难，临死前血性泡沫从嘴、鼻孔流出。病猪于临床症状出现24～36小时内死亡。②亚急性型和慢性型多在急性期后出现。有不同程度的自发性或间歇性咳嗽	主要病变存在于肺和呼吸道内。肺呈紫红色，多是双侧性的，并多在肺的心叶、尖叶和膈叶出现病灶，其与正常组织界线分明。发病24小时以上的病猪，肺炎区出现纤维素性物质附于表面，肺出血，间质增宽，有肝变；气管、支气管中充满泡沫状、血性黏液及黏膜渗出物，喉头充满血性液体，肺门淋巴结显著肿大。肺和胸膜粘连。常伴发心包炎，肝、脾肿大，色变暗。慢性病例可见硬实肺炎区或坏死
猪链球菌病	链球菌	无明显的发病季节，但以闷热潮湿的夏秋季节发病率最高。大猪、小猪均可感染，尤以小猪发病率最高。其次为育肥猪和怀孕的母猪。成年猪发病较少。该病可通过伤口直接接触传播，呼吸道、消化道亦是其主要传播途径	①最急性型往往不见明显症状而突然死亡。②急性型体温升高至41℃以上，病猪轻微的呼吸困难，流浆液性鼻液，部分病猪皮肤发红或发绀，个别的皮肤有出血点，有的病猪表现突然倒地、四肢呈游泳状，或表现前冲后撞、共济失调，或做圆圈运动、盲目行走、口吐白沫等神经症状	急性病例可见淋巴结肿大、出血，全身浆膜及实质器官出血，血液凝固不良，四肢末梢皮下瘀血或出血。胸腔、心包积液，部分病例出现纤维素性胸膜炎，心脏和肺脏粘连

（续表）

病名	病原	流行病学	临床表现	病理剖检
副猪嗜血杆菌病	猪副嗜血杆菌	感染2～4月龄的猪，主要在断奶前后和保育阶段发病，发病率一般在10%～15%，严重时死亡率可达50%	体温达41℃以上，皮肤发红，呼吸困难，呈腹式呼吸，鼻孔流灰白色分泌物，耳梢发紫，眼睑水肿，行走缓慢或不愿站立，腕关节、跗关节肿大，膘情良好的猪只发病多见急性感染，濒死前多出现四肢划水等神经症状	胸膜炎、腹膜炎、脑膜炎、心包炎、关节炎；体腔及脏器多见纤维素性或浆液性渗出物，尤其是胸腔、心包腔内可见淡黄色的渗出液，严重时呈胶冻状；肺脏肿胀、出血、瘀血，并且常与胸膜发生粘连；全身淋巴结肿大、出血，尤其是下颌、股前、肺门等处
猪传染性萎缩性鼻炎	支气管败血波氏杆菌（主要是D型）和产毒素多杀性巴氏杆菌（C型）	不同年龄的猪均有易感性，而以幼猪的病变最为明显。病猪、带菌猪经呼吸道将病原体传给仔猪。只有生后几天至几周的仔猪感染后才能产生鼻甲骨萎缩，成年猪感染后看不到症状，而成为带菌猪	发病仔猪（最早1周龄，6～8周龄最显著）喷鼻，流鼻液，表现为摇头不安，鼻痒拱地，前肢抓鼻。以后症状逐渐加重，持续3周以上，鼻甲骨开始萎缩，仍打喷嚏，流浆液性、脓性鼻液，气喘。严重时，因喷嚏用力，鼻黏膜破损而流血，甚至喷出鼻甲骨碎片，往往是单侧性的。鼻甲骨在发病后3～4周开始萎缩，鼻腔阻塞，呼吸困难，有明显的鼻变形，鼻面部皮肤形成皱纹，上颌部异常发达和门齿咬合不正，因鼻泪管阻塞而由眼泪和灰尘在内眦部形成半月状条纹的泪斑	鼻腔的软骨和骨组织软化和萎缩，主要是鼻甲骨萎缩，特别是鼻甲骨的下卷最为常见。卷曲变小而钝直，使鼻腔变为一个鼻道，鼻中膈弯曲，鼻黏膜常有黏脓性或干酪性分泌物

（续表）

病名	病原	流行病学	临床表现	病理剖检
猪肺疫（俗称锁喉风、肿脖瘟）	多杀性巴氏杆菌	对多种动物和人均有致病性，以猪最易感，无明显季节性，但以冷热交替、气候剧变、潮湿、多雨时发生较多，营养不良、长途运输、饲养条件改变等不良因素促进该病发生，一般为散发	①最急性型晚间还能正常吃食，翌日清晨即已死亡，常常看不到表现症状。②急性型（胸膜肺炎型）呈败血症变化，咽喉部肿胀，高度呼吸困难。体温40～41℃，痉挛性干咳，排出痰液呈黏液性或脓性，呼吸困难，后成湿、痛咳，胸部疼痛，呈犬坐、犬卧，初便秘，后腹泻，在皮肤上可见瘀血性出血斑。③慢性型持续咳嗽，呼吸困难，鼻流少量黏液，有时出现关节肿胀，消瘦，腹泻，2周以上衰竭死亡，病死率60%～70%	①最急性型黏膜、浆膜及实质器官出血和皮肤小点出血，肺水肿，淋巴结水肿，肾炎，以咽喉部及周围结缔组织的出血性浆液性浸润为最大特征；脾出血，胃肠出血性炎症，皮肤有红斑。②急性型除了全身黏膜、实质器官、淋巴结的出血性病变外，特征性的病变是纤维素性肺炎，有不同程度肝变区。胸膜与肺粘连，肺切面呈大理石纹，胸腔、心包积液，气管、支气管黏膜发炎，有泡沫状黏液。③慢性型肺肝变区扩大，有灰黄色或灰色坏死，内有干酪样物质，有的形成空洞，高度消瘦，贫血，皮下组织有坏死灶
猪流感	甲型流感病毒（A型流感病毒）	各个年龄、性别和品种的猪都有易感性。该病的流行有明显的季节性，天气多变的秋末、早春和寒冷的冬季易发生。传播迅速，常呈地方性流行或大流行。发病率高，死亡率低（4%～10%）。病猪和带毒猪是猪流感的传染源，患病痊愈后猪带毒6～8周	发病初期病猪体温突然升高至40～41.5℃，常卧地。呼吸急促，腹式呼吸，阵发性咳嗽。从眼和鼻流出黏液，鼻分泌物有时带血，病猪挤卧在一起，常横卧在一起，不愿活动，如有继发感染，则病势加重，发生纤维素性出血性肺炎或肠炎	喉、气管及支气管内含有气泡的黏液，黏膜充血、肿胀，时而混有血液，肺间质增宽，肺脏的病变常发生于尖叶、心叶、叶间叶、膈叶的背部与基底部，与周围组织有明显的界线，颜色由红至紫，淋巴结肿大、充血，脾肿大，胃肠黏膜有卡他出血性炎症，胸腹腔、心包腔蓄积含纤维素物质的液体

（续表）

病名	病原	流行病学	临床表现	病理剖检
猪圆环病毒病	猪圆环病毒Ⅱ型	猪圆环病毒Ⅱ型对猪有较强的感染性，可经口腔、呼吸道感染不同年龄的猪。怀孕母猪感染后，可经胎盘垂直传播感染仔猪。公猪感染后也可经精液排出病毒。6～8周龄的猪多发。发病率高，病死率有高有低，但即使不死，亦诱发其他疾病	被毛粗糙，皮肤苍白，发育迟缓，体重减轻，进行性消瘦，呼吸过快或呼吸困难，嗜睡，腹泻，可视黏膜黄疸，咳嗽，中枢神经系统紊乱，体表淋巴结，特别是腹股沟淋巴结肿大，常突然死亡	全身淋巴结肿大，特别是腹股沟淋巴结、纵隔淋巴结、肺门淋巴结、肠系膜淋巴结及颌下淋巴结肿大，切面硬度增大，可见均匀的白色，有的淋巴结有出血和化脓性病变；肺脏肿胀、坚硬或似橡皮，严重的肺泡有出血斑，有的肺尖叶和心叶萎缩或实质性病变；肝脏发暗，萎缩，肝小叶间结缔组织增生；脾脏异常肿大，呈肉样变化；肾脏水肿，呈灰白色，被膜下有时有白色坏死灶；胃的食管部黏膜表现为水肿和非出血性溃疡；回肠和结肠段肠壁变薄，盲肠和结肠黏膜充血和出血
猪蓝耳病（猪繁殖障碍与呼吸综合征）	猪繁殖障碍与呼吸综合征病毒	本病是一种高度接触性传染病，呈地方性流行，只感染猪，各种品种、不同年龄和用途的猪均可感染，但以妊娠母猪和1月龄以内的仔猪最易感。主要传播途径是接触感染、空气传播和精液传播，也可通过胎盘垂直传播。该病一年四季均可发生	怀孕母猪流产（多为怀孕后期流产），出现死胎、木乃伊胎和弱胎，被感染的母猪体温升高，呼吸困难，间情期延长，返情率很高，长期不孕，母猪窝活仔数减少，受胎率下降10%～15%；仔猪感染后表现体温升高，呼吸困难，肌肉震颤，共济失调，有的病猪耳部皮肤严重发绀，呈蓝耳症状	肺水肿、出血、瘀血，以心叶、尖叶为主的灶性暗红色实变；扁桃体出血、化脓；脑出血、淤血，有软化灶及胶冻样物质渗出；心肌出血、坏死；脾脏边缘或表面出现梗死灶；淋巴结出血；肾脏呈土黄色，表面可见针尖至小米粒大的出血斑点；部分病例可见胃肠道出血、溃疡、坏死

（续表）

病名	病原	流行病学	临床表现	病理剖检
猪伪狂犬病	猪伪狂犬病病毒	本病呈地方流行性，多种家畜均可感染，可以垂直传播和水平传播，对猪的危害最大，无季节性，但以夏秋季多发，常呈暴发性流行，初期死亡率最高	体温升至41℃以上，呼吸困难、咳嗽、流鼻涕等，也有部分猪出现神经症状、腹泻和呕吐等	肝、脾等实质脏器可见灰白色坏死小点，肝、肾的坏死灶最具特征，周围有红色晕圈，中央黄白色或灰白色，在肝脏褐色的背景下呈现异常鲜艳醒目的红黄色坏死灶

66. 导致高热症的疾病有哪些？如何诊断？

在猪病临床诊治中，有的因猪高热症状诊断不明而延误治疗，甚至造成猪只死亡，给养殖户造成了很大的经济损失。导致猪高热的病因有许多，这往往给鉴别诊断带来很大困难，因此诊治中要及时准确。目前引起高热的疾病主要有猪瘟、高致病性猪蓝耳病、副猪嗜血杆菌病、猪附红体病等。

（1）猪瘟：本病一年四季均可发生。急性猪瘟一般体温升高至40.5～42.5℃，并呈稽留热，死前体温迅速下降至常温以下。初期粪便干燥呈小球状，后期腹泻，有的便秘与腹泻交替出现，粪内常带有黏液或血液；皮肤有点状或斑状出血。剖检可见胸、腹、四肢等皮肤有紫色斑点；肺、胃、肾、胆囊、心、肝、脾等处浆膜均有针点大的出血点或出血斑；脾脏边缘常有大小不一的出血梗死。

（2）高致病性猪蓝耳病：本病各品种、年龄的猪均可感染，高温和低温均可促使本病发生，传播快、发病率高。受感染的种猪场，母猪流产、早产及死胎率达20%以上，新生仔猪和断奶前仔猪病死率高达80%，育肥猪发病率高而病死率低。以母猪体温升高、厌食、流产、死胎、木乃伊胎、弱仔等繁殖障碍以及仔猪呼吸症状和高病死率为特征。保育期及育肥猪体温升高达 40 ~ 41℃，精神沉郁，厌食，昏迷，呼吸次数增加，咳嗽，有的猪耳、腹部发蓝。剖检可见腹腔及心包腔内有淡黄色积液，有的胎儿脾下水肿。仔猪、育成猪及育肥猪眼睑水肿，体表淋巴结肿大，心包积液。

（3）副猪嗜血杆菌病：各品种及年龄的猪都可感染，哺乳仔猪的发病率及死亡率达 100%，育成猪发病率 5% ~ 10%、死亡率 0.5% ~ 25%。一年四季均可发生，冬、春季多发，主要经呼吸道感染，常散发。病猪表现突然发病，体温升高到 40℃以上，食欲废绝，呼吸高度困难，张口伸舌，皮肤白色，若治疗不及时，常在 1 ~ 2 天死亡。剖检可见急性型肺炎多为两侧性，肺呈紫红色。1 天内死亡者，胸腔有淡血色渗出物。1 天以上死亡者，肺炎区出现纤维素物质附着于表面，并有黄色渗出液。心包内有绒毛状纤维素附着，俗称“绒毛心”。

（4）猪附红体病：此病主要是通过蚊传播的，夏季多发，多呈散发。体温升高达 40 ~ 42℃，可视黏膜黄染，呼吸急促，心悸亢进，血尿。剖检可见贫血和黄疸，皮肤及黏膜苍白，血液稀薄，肝脏、脾脏肿大。确诊可在耳尖处采血涂片，姬姆萨氏染色后镜检，见有附红细胞体即可确诊。

第三章　常见猪病的防治

第一节　病毒病

67. 猪瘟临床的分类有几种？发生的特点是什么？

（1）猪瘟的分类。

① 按发病速度分类：最急性型、急性型、慢性型和非典型。

② 按临床表现分类：败血型、消化道型、呼吸道型、繁殖障碍型、皮肤型和神经型。

（2）猪瘟发生的特点。

① 在发病特点上，由急性猪瘟转变为非典型猪瘟、温和型（慢性）猪瘟和无名高热等，症状显著减轻，死亡率降低，病理特征不明显，以致须依赖于实验室才能确诊，并出现了猪瘟病毒的持续感染（亚临床感染）、胎盘感染、出生仔猪先天性震颤和妊娠母猪带毒综合征（母猪繁殖障碍）。

② 发生猪瘟的类型常见有呼吸道型、消化道型和繁殖障碍型。哺乳仔猪主要表现消化道型，多发于 15 ~ 26 日龄；保育仔猪、育肥猪主要表现呼吸道型，多发于 50 ~ 70 日龄和 90 ~ 120 日龄。繁殖障碍型多发于妊娠母猪，主要通过胎盘感染和持续性感染，病毒可经胎盘感染胎儿，早期感染多发生流产、死胎；中期感染则可能产出弱仔，出生后表现震颤、皮肤发绀等症状，多在出生后 1 周内死亡。未免疫的母猪自然感染中等或低毒力病毒株也可引起妊娠胎

盘感染，并可通过胎盘感染仔猪。另外，母猪免疫水平低下，感染强毒可引起亚临床感染，并可通过胎盘感染仔猪，导致母猪繁殖障碍。

③ 仔猪猪瘟发病率逐步升高，随着感染病程延长，仔猪死亡时间推迟或幸存，即使存活的猪往往也形成持续感染，可终身带毒。仔猪在胚胎期接触猪瘟病毒还可招致先天性免疫耐受，这样会形成“胎盘感染→仔猪猪瘟→免疫耐受→免疫失败→持续性感染”这一恶性循环。

68. 猪瘟的主要临床表现和病理变化是什么？

根据临床表现和特征，猪瘟可分为急性、慢性和非典型性 3 种类型。

（1）急性猪瘟（比较少见）：病猪体温升高至 40～42℃，精神沉郁、怕冷、嗜睡；病初便秘，随后出现糊状或水样并混有血液的腹泻，大便恶臭；结膜炎、口腔黏膜不洁、齿龈和唇内以及舌体上可见溃疡或出血斑；后期鼻端、唇、耳、四脚、腹下及腹内侧等处皮肤上有出血点或斑。常继发细菌感染，以肺炎或坏死性肠炎多见。少数猪发生惊厥，常在几小时内或者几天内死亡；急性型猪瘟多在感染后 10～20 天死亡；症状缓和的亚急性型猪瘟病程一般在 30 天内。

（2）慢性猪瘟（比较少见）：病猪体温升高不明显，贫血、消瘦和全身衰弱，一般病程超过一个月；食欲时好时坏，便秘和腹泻交替发生；耳尖、尾根和四肢皮肤坏死或脱落。慢性猪瘟存活者严重发育不良，成为僵猪。慢性猪瘟可在感染后维持生命 100 天以上。

（3）非典型性猪瘟（比较多见）：是先天感染的后遗症，感染猪出生后一段时间内不表现症状，数月后出现轻度厌食、不活泼、结膜炎、后躯麻痹，但体温正常，可存活半年左右后死亡。怀孕母猪感染低毒力猪瘟病毒可表现群发性流产、死产、胎儿干尸化、畸形和产出震颤的弱仔猪或外表健康的感染仔猪。子宫内感染的仔猪常见皮肤出血，且出生死亡率高。

猪瘟的病理变化主要有以下几个方面。

(1) 急性型的病猪由于突然死亡，剖检常无显著病理变化，或仅可看到黏膜充血或小点出血，肾小点出血，淋巴结轻度肿胀。

(2) 亚急性的剖检多是多发性出血为特征的败血症病变，此外消化道、呼吸道和泌尿生殖道有卡他性、纤维素性和出血性炎症。淋巴结和肾脏是病变出现频率最高的部位。全身淋巴结边缘出血，切面呈大理石状；肾脏肿大，苍白色，并有小点出血；眼角有脓样分泌物；肛门处附有粪便；皮肤苍白色，上有大小不同的出血点和斑点；口腔黏膜有出血点，有时可见溃疡，上附灰白色或黄色假膜；胃出血性炎症；回盲瓣和结肠上段部分出血坏死或有纽扣状溃疡，直肠黏膜有出血点，有时有溃疡；胆囊黏膜有出血点及溃疡；脾脏边缘有红色针尖状出血点，有时有楔状梗死；心脏内外膜、喉、膀胱有小点出血。

(3) 慢性猪瘟除具有急性、亚急性的病变外，最显著的是大肠黏膜特别在回盲瓣附近有纽扣状溃疡。

(4) 非典型性猪瘟的变化是胸腺萎缩和外周淋巴器官严重缺乏淋巴细胞和生发滤泡。

69. 发生非典型猪瘟后，如何进行诊断和治疗?

非典型猪瘟不具备教科书上和图谱所描述的典型症状和病理剖检变化，因此，造成诊断上困难。又由于病程稍长会继发细菌感染（如猪肺疫、仔猪副伤寒、副猪嗜血杆菌等）而表现出细菌的变化，掩盖了原发猪瘟的真相，造成诊断和用药困难。临床上可通过四个条件进行初步诊断。

(1) 长期高烧不退（稽留热），体温达到41～42℃，并有脓性眼屎。

(2) 连续用3天抗菌药无效。

(3) 病程稍长者出现腹部、耳尖、尾部、鼻端发绀（蓝紫色），并有后躯麻痹现象。

（4）猪瘟疫苗接种剂量、接种时间或疫苗本身查出问题。

如果确诊非典型猪瘟后要及时治疗。首先注射猪瘟高免血清。注射血清、症状消失后 3 ~ 5 天再重新接种猪瘟疫苗。其次要紧急接种猪瘟疫苗，可根据病猪体重大小、病程长短选择接种猪瘟疫苗的剂量，一般 15 ~25 头份。接种疫苗一天后可根据临床表现对症下药。

70. 为什么做了猪瘟疫苗的免疫还有猪瘟发生？

猪场猪免疫过猪瘟疫苗后，还会有散发的猪瘟出现，或呈非典型和温和型流行。造成这种情况的原因主要有以下几个方面。

（1）免疫程序不合理。免疫程序存在缺陷是造成免疫失败的主要原因。

（2）母源抗体的干扰。母源抗体对出生仔猪有保护作用，但也会影响仔猪的免疫效果，即母源抗体的双重性。在给仔猪使用高质量的疫苗时，能否起良好的免疫效果与母源抗体滴度有关。当母源抗体滴度高时，实施免疫接种，疫苗病毒会被母源抗体中和而不起保护作用。因此，在实施免疫接种前要考虑母源抗体的滴度，同时还要注意母源抗体的整齐度。

（3）疫苗免疫原性的影响。疫苗达不到规定效价或疫苗在运输、保管过程中贮存温度控制不当；稀释液中含有影响疫苗的活性物质；稀释后的疫苗未在规定的时间内用完或置于高温环境下，这些都会降低疫苗的效价，而影响免疫的效果。

（4）免疫操作不当造成的影响。在免疫时常使用短而粗的针头进行预防注射，这种针头用于仔猪和保育猪比较合适，如果用于母猪注射时，疫苗易注射到脂肪层而影响其吸收，不能发挥疫苗的作用。其次是注射部位消毒时，只用碘酊作局部消毒，而不用酒精脱碘；或消毒部位的酒精未干就着急注射疫苗，使疫苗容易失去免疫原性，从而影响免疫效果。

（5）免疫抑制疾病的影响。有些传染病的发生可使动物体对其他病原的易感性增强，对多种疫苗免疫力反应会下降，甚至导致免疫失败。

（6）药物的影响。免疫时使用药物（特别是抗病毒药物）对动物体内抗体的形成有抑制作用，从而影响免疫效果。

71. 如何控制猪瘟的免疫失败？

（1）加强饲养管理，提高猪群的抗病能力。

（2）确保疫苗的质量。疫苗本身的质量直接影响免疫的效果。尤其是在我国养猪场都有猪瘟不同程度流行的情况下，更难保证猪瘟的免疫效果。抓好疫苗的运输和贮存，猪瘟疫苗在－15℃条件下保存，有效期为1年，严禁反复冻融疫苗，以免造成效价降低或影响真空度。

（3）正确使用疫苗。稀释液应置于4～8℃冰箱内冷藏，稀释后的疫苗同样放于有冰块的保温箱内，并在15～20分钟用完。选用合适的针头注射和严禁打飞针，以免造成疫苗灭活或注射剂量无保证。注射时应1头猪1个针头，避免人为地将处于潜伏期的猪瘟病毒传染给其他健康猪，从而引起注射猪瘟疫苗后猪瘟暴发。同时为了防止免疫时出现疫苗冷应激，注射前要将稀释的疫苗放于室温状态下预置10～15分钟。

（4）制定和采用合理的免疫程序，掌握准确的免疫剂量。

（5）注射时选择优质、型号合适的针头。

（6）合理使用药物。

（7）严禁使用发霉变质饲料。

（8）控制免疫抑制性疾病。

（9）淘汰亚临床感染猪（即带毒母猪）。

72. 如何制定合理的猪瘟免疫程序？

做过猪瘟免疫的母猪，其新生仔猪可通过初乳获得母源抗体。在仔猪3～5日龄时，其母源抗体较高，具有坚强的免疫力；20～25日龄时抗体能耐受猪瘟强毒攻击；30日龄无保护力；60日龄时仔猪血清中已无母源抗体。因此，制定合理的免疫程序是至关重要的。

（1）仔猪应在20日龄首免，每头猪使用猪瘟疫苗2～3头份（猪瘟淋脾组织苗或猪瘟细胞苗）；50～56日龄二免，每头猪瘟疫苗3～4头份。

（2）在猪瘟发病较多或受威胁的猪场户，采用仔猪超前免疫。

仔猪出生（0日龄）每头注射猪瘟疫苗2头份；20日龄二免，每头注射猪瘟疫苗2～3头份（猪瘟淋脾组织苗或猪瘟细胞苗）；56～60日龄三免，每头注射猪瘟疫苗3～4头份。

（3）母猪在断奶后进行猪瘟免疫，种公猪每年春秋两季各免疫1次，每头8～10头份。也可根据免疫后抗体监测水平决定下一次免疫时间。

73. 如何做好猪瘟的净化？

造成猪瘟持续性感染的根源在于母猪带毒，即妊娠母猪自然感染低毒力或中等毒力的猪瘟病毒后引起潜伏性感染。带毒母猪妊娠后，猪瘟病毒通过胎盘感染胎儿造成垂直传播，带毒公猪也可通过精液传染母猪，也可传播给仔猪。带毒母猪通过垂直传播和水平传播，造成猪瘟的持续感染。同时，先天感染猪瘟的仔猪出生后无免疫耐受性，经反复注射疫苗不产生抗体，成为持续性感染的带毒猪。如果这种猪被误作后备种猪培养就会形成新的带毒种猪群。这样会造成猪瘟感染的恶性循环。因此除了对猪场进行猪瘟抗体的定期检测（在第二次免疫后21天，随机采取免疫猪血清做抗体监测，如免后总保护率在70%以下，显示免疫效果保护率低，应及时补免。同时根据抗体的分布，分析是否存在亚临床感染）之外，还可定期进行猪瘟强毒抗体的检测，重点进行种猪的带毒检测，对阳性猪进行淘汰，以使种猪群的猪瘟得到控制与净化。

74. 猪口蹄疫流行的特点是什么？传播方式有哪些？

口蹄疫主要流行特点如下所述。

（1）口蹄疫病毒除了侵害猪以外，还侵害其他偶蹄动物。仔猪不但易感而且死亡率也高。

(2) 病猪是最危险的传染源，主要是处于口蹄疫潜伏期和发病期的猪或其他动物，病猪的水泡液、乳汁、尿液、口涎、泪液和粪便中均含有病毒。

(3) 该病入侵途径主要是消化道，也可经呼吸道传染。

(4) 本病的发生虽无严格的季节性，但其流行却有明显的季节规律。一般多流行于冬季和春季，夏季减缓或自然平息。

口蹄疫主要传播方式：口蹄疫病毒传播方式分为接触传播（直接接触和间接接触）和空气传播，目前尚未见到口蹄疫垂直传播的报道。

(1) 直接接触主要发生在同群猪之间，包括圈舍、集贸市场和运输车辆中猪的直接接触，通过发病动物和易感动物直接接触而传播。

(2) 间接接触主要指媒介物与病猪接触或者与病毒污染物接触、机械性带毒所造成的传播，包括无生命的媒介物和有生命的媒介物。野生动物、鸟类、啮齿类、猫、狗、吸血蝙蝠、昆虫等均可传播此病。

(3) 空气传播是口蹄疫病毒的气源传播方式，特别是对远距离传播更具流行意义。感染动物呼出的口蹄疫病毒形成很小的气溶胶粒子后，可以由风传播数十到百千米，具有感染性的病毒能引起下风处易感动物发病。影响空气传播的最大因素是相对湿度，若高于55%，病毒的存活时间较长；低于55%很快失去活性。在70%的相对湿度和较低气温的情况下，病毒可见于100千米以外的地区。

75. 猪口蹄疫如何诊断?

猪口蹄疫诊断主要通过临床症状、病理变化和实验室检测进行综合诊断。

(1) 临床症状：潜伏期1～2天。病初体温升高至40～41℃，精神不振、采食量下降或废绝，口腔黏膜（舌、唇、齿龈、咽、腭）小水泡或糜烂。在蹄叉、蹄冠、蹄踵等处局部发红、形成水泡，充满灰白色或淡黄色液体，水泡破裂后形成暗红色的糜烂面，以后体温恢复正常；病猪行走困难或跛行，严重者不能站立，甚至蹄壳脱落，跪着吃食。有的在乳房、鼻盘上出现水泡并形成烂斑，如无细菌感染，一周左右痊愈。新生仔猪感染该病后可发生胃肠炎和心肌炎而突然死亡，死亡率达60%～80%，病程稍长者，可见到口腔及鼻面上有水泡和糜烂。

（2）病理剖检变化：除口腔、蹄部或鼻端（吻突）、乳房等处出现水泡及烂斑外，咽喉、气管、支气管和胃黏膜也有烂斑或溃疡，胃、小肠、大肠黏膜可见出血性炎症。另外，具有诊断意义的是心脏病变，心包膜有弥散性出血点，心肌松软似煮熟状，心肌切面有灰白色或淡黄色斑点或条纹，好似老虎皮上的斑纹，故称“虎斑心”。

（3）实验室检测：无菌采集水泡皮或水泡液做病原学检测，通过酶联免疫吸附试验和PCR试验进行检测。

76. 猪发生口蹄疫后的处理方法有哪些？如何预防？

（1）口蹄疫抗血清0.5毫升/千克体重，肌内或皮下注射；抗生素（氨苄青霉素、头孢噻呋钠等）、抗病毒药（干扰素、病毒唑等）和解热镇痛药（安痛定）2次/天，连用4天。后改为双黄连或穿心莲连用3～4天。

（2）口腔发生病变时用盐水、高锰酸钾、白矾等溶液清洗口腔后，涂布冰硼散或碘甘油。对病情严重的要精心饲养，加强护理，全身给予糖、钙支持疗法。肌注抗生素控制继发感染。

（3）乳房乳头溃烂用云南白药、凡士林混合后涂布；也可用防腐生肌散、冰片滑石粉涂布，或用0.1%高锰酸钾冲洗，然后涂碘甘油或1%龙胆紫溶液消毒。

为了更好地控制口蹄疫，必须做好预防工作。

（1）加强饲养管理，提高饲养标准，提高饲料中维生素的含量。饲料中添加黄芪多糖类、电解多维、维生素C或清热解毒类中药，以增强猪自身免疫力。

（2）立即隔离病猪。场区要远离居民区和主要交通要道，场区设计要把生活和生产区分开。最好在远离猪舍的地方设计隔离圈。

（3）一旦发现猪场周边地区有口蹄疫流行，应采取有效措施，杜绝一切带入病原的可能性。

（4）按照科学的免疫程序进行免疫注射。60日龄用猪口蹄疫O型高效灭活疫苗和口蹄疫O型合成肽疫苗（双抗原）疫苗进行首免；间隔1个月后进行一次加强免疫，以后每隔4个月免疫一次；母猪每年免疫3次（跟胎免疫，在分娩前1个月或每4个月免疫一次）；或根据免疫后监测的抗体水平决定下一次免疫时间。

（5）严格消毒。对外来人员、车辆等进行严格细致的消毒。对猪群和猪舍定期全方位消毒。发病期间每天2次，连续消毒7天；平时每3天进行一次带猪消毒，每月进行一次猪舍外的环境消毒。

77. 猪口蹄疫和猪水疱病如何鉴别？

（1）两者表面上的共同处包括以下几点。

① 二者都属病毒感染后发病。

② 两者的传染源基本相似，被污染后的畜产品、饲料、饮水、水源都可成为传染源。

③ 两者病情严重时，都是蹄壳发生脱落。

④ 两者蹄部都出现水泡。

⑤ 两者病毒都可感染人类。

（2）两者不同之处如下表所示。

病名	病原	血清学	流行病学	临床症状
猪口蹄疫	口蹄疫病毒属于微核糖核酸病毒科中的口蹄疫病毒，无囊膜，对酸、碱十分敏感	目前已知道7个血清型，即：O、A、C、南非1、南非2、南非3型和亚洲Ⅰ型。每个型内还有亚型，亚型又有众多抗原差异显著的毒株。1997年世界口蹄疫中心公布有7个型与65个亚型。各型之间不交叉免疫	①除了感染猪外，还可感染其他偶蹄动物和人，传染性极强，流行迅速。②该病发生没有严格的季节性，但流行确有明显的季节规律，一般冬、春季易发生大流行。③传播方式可呈跳跃式传播。病畜、畜产品、饲料、草场、饮水、水源、交通工具被污染后都是该病的传染源。特别注意空气是本病重要的传播媒介	病猪的蹄部出现水泡。病初体温升高为40～41℃，口腔黏膜出现小水泡或糜烂。蹄冠、蹄踵、蹄叉等部出现局部发红、敏感、微热等症状，约1天后形成黄豆大小的水泡，水泡破裂后表面出血，水泡内病毒液流到哪，哪里形成糜烂。如发生严重感染，鼻镜、乳房等处出现烂斑，蹄叶、蹄壳脱落，病猪常卧地不起
猪水泡病	弹状病毒科，水泡性病毒属，水泡病口炎病毒，有囊膜，对脂溶剂敏感	两个血清型，分别为印第安纳株和新泽西株，这两个株不能交互免疫。印第安纳株可分为三个亚型	①只感染猪。该病的发生有明显的季节性，多见于夏季及秋初。②本病可呈暴发但不广泛流行。③病猪和被污染的饲料、饲草、饮水是本病的主要传染源。④双翅目的昆虫也是该病的传播媒介	病猪体温升高到40～41.5℃，1～2天后，口腔和蹄部出现水泡，舌部、唇部、鼻端和蹄冠部水泡在1～2天破裂形成痂块，病猪口腔、蹄部病变严重时，蹄部发生溃疡，导致蹄壳脱落，露出鲜红色、血淋淋的出血面

78. 猪圆环病毒病有哪些临床表现及病理变化？

（1）临床症状：病猪精神萎靡，食欲减少，被毛粗乱，进行性消瘦，呼吸困难，咳嗽，贫血，皮肤发白或黄疸，体表淋巴结肿大，腹股沟浅淋巴结尤为明显，四肢无力，常侧卧呈嗜睡状，生长迟缓。个别猪在会阴部、四肢、胸腹部及耳部的皮肤上出现圆形或不规则形的紫红色斑点或斑块，不易消失。偶有胃溃疡、下痢、中枢神经系统障碍。本病若继发细菌感染还可见关节炎、肺炎等症状。

(2) 病理变化：病猪消瘦，贫血，皮肤苍白，黄疸；切开皮肤间皮下较干燥，从血管断端流出少量稀薄且凝固不全的血液；淋巴结异常肿胀，内脏和外周淋巴结肿大到正常体积的3～4倍，切面为均匀的白色；肺肿胀且呈灰褐色、弥漫性病变，比重增加，坚硬似橡皮样，肺有轻度多灶性或高度弥漫性间质性肺炎；肝脏呈现坏死性肝炎，呈浅黄到橘黄色外观，萎缩，肝小叶间结缔组织增生；肾脏水肿，苍白，被膜下有坏死灶，有轻度至重度的多灶性间质性肾炎；脾脏轻度肿大，质地如肉；心脏有坏死性心肌炎，心室扩张，心尖变钝，质地较软；个别病例可见心内外膜有出血斑点；胃黏膜水肿，胃底溃疡；胰脏、小肠和结肠也常有肿大及坏死病变。

79. 猪圆环病毒病如何防治?

(1) 采用抗菌药物治疗，减少并发感染。如氟苯尼考、丁胺卡那霉素、庆大-小诺霉素、克林霉素、磺胺类等药物，同时应用促进肾脏排泄和缓解类药物进行肾脏的恢复治疗；肌内注射黄芪多糖注射液并配合维生素 B_1、维生素 B_{12}、维生素C，也可使用多种维生素或电解多维饮水或拌料；选用新型的抗病毒剂如干扰素、白细胞介导素、免疫球蛋白、转移因子等进行治疗。

(2) 严格消毒，避免从疫区引进猪只。进猪前对猪舍彻底消毒，饲养过程中的有关人员出入猪舍的消毒等都要严格把关。

(3) 病猪和带毒猪是主要传染源，公猪的精液可带毒，通过交配传染母猪，母猪又是很多病原的携带者，通过多种途径排毒或通过胎盘传染哺乳仔猪，造成仔猪的早期感染，所以，清除带毒猪并净化猪场十分重要。

(4) 实施严格的生物安全措施，建立完善的免疫体系。按程序进行免疫，在做好圆环病毒Ⅱ型疫苗接种的情况下，还要做好相关病的疫苗接种，可减少混合感染。一般母猪在配种前一个月接种猪圆环病毒灭活苗，过一个月加强免疫一次，以后跟胎免疫。仔猪要在15日龄接种猪圆环病毒灭活苗。

（5）“全进全出”是关键，如整个场做不到“全进全出”，至少每栋舍要做到“全进全出”。

（6）保持较小的饲养密度，增加料位；保持适宜的温度和良好的通风，尽量减少应激。

（7）使用营养全价的日粮，保持分娩母猪的健壮和良好的泌乳能力。

（8）对于早期发现疑似感染猪进行检查、隔离、淘汰，控制病情，全面消毒，改善饲养管理，防止其他继发病的发生。

80. 猪蓝耳病的流行特点及传播方式是什么？

猪繁殖和呼吸障碍综合征又称“猪蓝耳病”，主要在猪之间传播。病猪排毒主要通过口鼻分泌液，也可通过尿液和粪便。感染的公猪精液中可含有病毒，并可通过精液传播给易感母猪。耐过猪可长期带毒和不断向体外排毒。

本病传播方式有水平传播和垂直传播，也可能通过空气传播，但较少见。野生动物（鸟和啮齿类动物等）也可能在传播中起重要作用。引入带猪蓝耳病的猪是该病传播的主要方式，胎盘传播是本病的主要途径之一。

81. 猪蓝耳病主要有哪些临床表现和病理变化？

猪蓝耳病的临床表现如下所述。

（1）母猪：发病母猪主要表现为精神沉郁、食欲减少或废绝、发热，出现不同程度的呼吸困难，少数母猪的耳朵、乳头、外阴、腹部、尾部和腿部发绀，尤以耳尖最为常见，有的出现四肢麻痹性神经症状，妊娠后期（105～107天）母猪发生流产、早产、死胎、木乃伊胎、弱仔。母猪流产率可达50%～70%，死胎率可达35%以上，木乃伊胎可达25%，部分新生仔猪表现呼吸困难，运动失调及轻瘫等症状，产后1周内死亡率明显增高（40%～80%）。少数母猪表现为产后无乳、胎衣停滞及阴道分泌物增多。

（2）仔猪：表现出典型的呼吸道症状，呼吸困难，有时呈腹式呼吸，食欲减退或废绝，体温升高到40℃以上（一般在40.5~41.5℃），全身症状加剧，腹泻，被毛粗乱，共济失调，渐进性消瘦，眼睑水肿，眼结膜红肿，后肢麻痹，嗜睡。驱赶时有的窒息死亡，临死时口吐泡沫，甚至有稀薄的血水流出。少部分仔猪可见耳部、体表皮肤发紫，鼻端和四肢末端在瘀血的基础上出血，同时全身的皮肤有不同程度的瘀血和出血。断奶前仔猪死亡率可达80%~100%，断奶后仔猪的增重降低，日增重可下降50%~75%，死亡率升高（10%~25%）。耐过猪生长缓慢，易继发其他疾病。

（3）生长猪和育肥猪：表现出轻度的临诊症状，有不同程度的呼吸系统症状，体温升高，食欲减退或废绝，精神不振，全身皮肤发红，少数病例可表现出咳嗽及双耳背面、边缘、腹部及尾部皮肤出现深紫色，有时出现结膜炎，眼结膜水肿潮红，畏光。感染猪易发生继发感染，并出现相应症状。

（4）种公猪：发病率较低，主要表现为一般性的临诊症状，咳嗽、打喷嚏、呼吸困难、精神不振、食欲减退、不愿运动等。公猪的精液品质下降，精子出现畸形，精液可带毒。

猪蓝耳病的病理变化如下所述。无继发感染的病例除有淋巴结轻度或中度水肿外，肉眼变化不明显，呼吸道的病理变化为温和到严重的间质型肺炎，有时有卡他性肺炎。若有继发感染，则可出现相应的病理变化，如心包炎、胸膜炎、腹膜炎及脑膜炎等。肺的组织学病变具有普遍性，主要以间质性肺炎为特点。病初见肺脏膨胀、充血、瘀血，呈暗红色，肺间质增宽，呈水肿状；继之，肺表面有大小不等的点状出血，尖叶和心叶部有肺泡性肺气肿并可见瘀血斑，肋膈面间质增宽、水肿，有红褐色瘀血斑和实变区。肺切面血管断端有凝固不全的血液，支气管断端有少量含泡沫的液体。鼻甲部黏膜的病变是猪蓝耳病感染后期的特征。

82. 猪发生蓝耳病后如何防治?

因该病病因复杂，无特效药物治疗，且病猪一般治愈后不良，应该坚持预防为主的原则。

（1）加强生物安全。包括引种与隔离，定期检测掌握蓝耳病在猪群中的感染状况，对引入的猪群要严格隔离和净化，建立良好的后备种群管理。严格执行卫生消毒措施，以降低猪群蓝耳病的感染率及其他病原菌的感染。

（2）加强饲养管理，提高猪群的营养水平，以保障猪群的健康，增强猪群的抗病力，搞好猪舍卫生，保持合适的饲养密度和良好的通风，夏季注意降暑，冬季注意保温。

（3）控制继发感染，定期选用适当的抗菌药物，对猪群进行保健，以控制猪群的细菌性继发感染。仔猪断奶后或转群前后，及母猪产前产后等关键生产阶段，可在饲料或饮水中添加适量的抗菌药物和其他中草药等，以防止细菌性疾病的继发感染。

（4）做好基础免疫，猪场要做好常规免疫，如猪瘟、口蹄疫、猪伪狂犬病等的日常免疫工作，以提高猪体的抵抗力。

（5）坚持自繁自养，严格检疫制度。不从疫区和有本病史的猪场引种是极其重要的预防措施。当确实需要从外地引种时，必须严格实行隔离检疫制度，并采血送到有条件的实验室进行蓝耳病的抗体检测。抗体阳性绝对不能引进，抗体阴性猪也应该隔离观察，直到母猪怀孕后无繁殖障碍，所产仔猪无蓝耳病症状才可与其他猪混养。

（6）加强免疫。仔猪使用高致病性蓝耳病活疫苗于 14 日龄初免，断奶前后用经典型蓝耳病活疫苗免疫一次，4 个月后免疫 1 次；种母猪：使用活疫苗进行免疫，150 日龄前免疫程序同商品猪，以后每次配种前加强免疫 1 次；散养猪免疫：春、秋两季对所有猪进行一次集中免疫。

83. 猪蓝耳病与猪瘟疫苗能同时注射吗？

现在的猪蓝耳病疫苗的使用在各猪场里分歧很大，然而现在有相当一部分猪场已经好几年不做了，也没有出现什么发病，也无流产等繁殖障碍的情况。现阶段普遍使用的猪瘟苗属于弱毒活苗，蓝耳病苗大部分也属于活苗，不过蓝耳病苗的毒株分为经典株和变异株，在安排疫苗的时候要考虑机体对两种疫苗的免疫反应。

众所周知，蓝耳病疫苗接种以后，蓝耳病病毒刺激机体产生抗体，有抗体依赖增强（即 ADE 效应）。在低水平的抗体情况下，蓝耳病病毒将会在机体内增多。这使得短时间内猪机体处于一种免疫调节的状态，这个时候接种猪瘟苗，对猪瘟苗抗体的产生比没有接种蓝耳苗的猪要低。所以不建议同时接种，两种疫苗接种时间应该相隔 7～10 天。

84. 猪细小病毒病如何防治？

（1）防病入场。防止将带毒猪引入无本病的猪场，引进种猪时进行猪细小病毒病的血凝抑制试验，结果阴性时才能引进。

（2）加强免疫。初产母猪在配种前 1 个月免疫注射，初产母猪推迟在 9 月龄后配种。在流行地区可考虑用自然感染而产生自动免疫的办法，将血清学反应阳性的老母猪放入后备种猪群中，或将初产猪赶到污染猪圈内饲养等方法，使其自然感染。因本病发生流产或木乃伊胎同窝的幸存仔猪，不能留作种用；同样，头胎母猪的后代也不宜留作种用。

（3）净化猪群。猪群一旦发病，应将发病母猪、仔猪隔离或者淘汰。所有猪场环境、用具应严密消毒，并用血清学方法对全群猪进行检查，对阳性猪采取隔离淘汰，以防疫情进一步发展。

85. 猪伪狂犬病是如何发生的？

（1）病猪、带毒猪以及带毒鼠类为本病重要传染源。

（2）健康猪与病猪、带毒猪直接接触可感染本病，也可由空气传播。猪配种时可传染本病。母猪感染本病后 6～7 天乳中有病毒，持续 3～5 天，乳猪可因吃奶而感染本病。

（3）妊娠母猪感染本病时，常可侵及子宫内的胎儿，感染发病后几乎 100% 死亡。患伪狂犬病的病牛可感染给牛和猪，猪也可传染给犬。

86. 猪伪狂犬病有哪些临床表现和病理变化?

猪伪狂犬病的临床表现:本病的潜伏期一般3~6天,短者36小时,长者达10天。临床症状随年龄增长有差异。

(1)两周龄以内哺乳仔猪:病初发热、呕吐、腹泻、厌食、精神不振,有的见眼球上翻,视力减退,呼吸困难,呈腹式呼吸,继而出现神经症状,发抖,共济失调,间歇性痉挛,后躯麻痹,做前进或后退转动,倒地四肢划动。常伴有癫痫样发作或昏睡,触摸时肌肉抽搐,最后衰竭而死亡。

(2)3~4周龄猪:主要症状同上,病程略长,多便秘,病死率可达40%~60%。眼结膜潮红,角膜混浊,眼睑水肿,甚至两眼呈闭合状态;鼻端、口腔和腭部常见大小不一的水泡、溃疡和结痂;部分耐过猪常有后遗症,如偏瘫和发育受阻。

(3)两月龄以上猪:症状轻微或隐性感染,表现一过性发热,咳嗽,便秘,有的病猪呕吐,多在3~4天恢复。如出现体温继续升高,病猪出现神经症状,震颤、共济失调,头向上抬,背拱起,倒地后四肢痉挛,间歇性发作。

(4)怀孕母猪:表现为咳嗽、发热、精神不振。随后发生流产、木乃伊胎、死胎和弱仔,这些弱仔猪1~2天出现呕吐和腹泻,运动失调,痉挛,角弓反张,通常在24~36小时死亡。

猪伪狂犬病的病理变化:一般无特征性病变。如有神经症状,脑膜明显充血、出血和水肿,脑脊髓液增多,脑灰质和白质有小点状出血。鼻黏膜有卡他性或化脓性、出血性炎症,鼻腔、气管内含有大量泡沫样液体。如病程稍长,可见咽和喉头水肿,在后鼻孔和咽喉黏膜面有纤维素样渗出液。鼻咽部充血,扁桃体、肝和脾均有散在白色坏死点。肺水肿、有小叶性间质性肺炎,胃黏膜有卡他性炎症,胃底黏膜出血、浆膜面可见大量出血点和灰白色小坏死灶。流产胎儿的脑和臀部皮肤有出血点,肾和心肌出血,肝和脾有灰白色坏死灶,胸腔、腹腔、心包有多量棕褐色液体。

87. 猪伪狂犬病怎么防治?

目前对此病尚无特效药物治疗，只能镇静，消除神经症状，可采用支持疗法进行临床药物治疗，并采取综合性防治措施。

(1) 单一性伪狂犬病例：对病猪先行隔离，然后进行中药治疗或使用生物制剂（干扰素、免疫球蛋白、自家猪群血清）配合抗病毒药物。

(2) 混合感染病例：采用紧急免疫，配合支持性治疗和辅助性治疗。

(3) 及时采取隔离、淘汰病猪，净化猪群等措施，予以根除。

(4) 坚持自繁自养，不从其他猪场引种，不从疫区引种，若必须引种时，则要把好检疫关，引进后要隔离饲养。配种时最好采用人工授精方法，母猪配种前 24 小时左右注射抗生素，防止配种早期感染，净化产道致病菌，提高受精率。

(5) 提高饲养管理水平，控制好环境卫生和搞好消毒，实行“全进全出”等。使用有效消毒剂切断传播途径，如碘制剂、过氧乙酸、2% ~5% 的烧碱等消毒药，每天 1 次，连用 7 天，同时加强人员、器械及饮用水消毒。同时猪场应禁养其他动物。

(6) 做好抗体检测工作。对抗体水平较低的猪应及时预防，以防止伪狂犬病病毒的感染。

(7) 净化猪群是预防本病的重要手段。首先从种猪群净化，实行“小产房”、“小保育”、“低密度”、“分阶段饲养”的饲养模式。加强猪群的日常管理。

(8) 按程序用基因缺失弱毒苗进行免疫接种。

仔猪：3 日龄内滴鼻 1 ~2 头份→15 日龄肌内注射 2 头份（国产）→35 日龄肌内注射 2 头份（国产）。若用进口疫苗要遵照说明书进行。

后备母猪：猪应在配种前实施至少 2 次伪狂犬疫苗的免疫接种。

经产母猪：每 3 个月免疫 1 次，一年 4 次。

88. 如何防治猪乙型脑炎?

（1）根据本病发生和流行特点，消灭蚊子和免疫接种是预防本病的重要措施。在该病流行地区，每年于蚊子活动前1~2个月(每年3月至4月中旬)对后备、种母猪及种公猪进行乙型脑炎弱毒疫苗或油乳剂灭活苗的免疫接种，第一年以2周的间隔注射2次，以后每年注射1次，即可有效地防止母猪和公猪的繁殖障碍。

（2）做好日常饲养管理，尤其是管理好没有经过乙脑流行季节的仔猪和从非疫区引进的猪。这些猪大多为乙脑阴性，很易感染，一旦感染则很快产生病毒血症，成为传染源。

（3）加强圈舍的环境卫生管理，灭蚊，彻底消毒。

89. 猪“冬痢”如何诊断?

引起猪“冬痢”的原因主要有以下几个因素。

（1）疏于饲养管理：冬季气温低，部分猪场由于猪舍寒冷、潮湿、卫生不良等导致腹泻性疾病的暴发或散发流行。

（2）营养性不良：多表现为仔猪阶段，原因是机体消化功能尚未发育完全，主要是肠道酶类分泌受到限制，加之开食与断奶不合理或饲喂过量，肠道绒毛受刺激导致冬季腹泻。

（3）传染性胃肠炎和流行性腹泻病毒破坏肠道，导致以冬季腹泻为主要症状的疾病暴发或散发流行。

（4）本病主要靠接触传染。饲养员的鞋、剩料、铁栏杆及围墙间的空隙是主要传播途径。

当发生“冬痢”时要依照以下几个方面进行诊断。

（1）粪便腥臭。

（2）粪便往往呈喷射状。

（3）使用抗菌药物治疗无效或反复，甚至更严重。

（4）哺乳仔猪死亡率较高。

（5）大猪在7~10天自愈。

90. 怎样防治“冬痢”？

（1）对症治疗。病初体温升高，肌注安痛定、安乃近等，成年猪10~20毫升，1日2次。病毒灵或病毒唑注射液每10千克体重1~2毫升，1日2次。“猪苓、茯苓、苍术、陈皮各15克，厚朴9克，甘草3克”，研粉拌饲料一次内服。腹胀者加木香、枳壳和枳实；食滞者加“山楂、神曲”；腹泻严重而粪便失禁者加“乌梅、车前子、泽泻”。

（2）加强冬季的饲养管理，特别要注意提高饲料中能量饲料的供给，加强防寒保暖措施（避免温差过大，此病有明显季节性，寒冷的猪舍更容易发病），供给全价饲料，提高猪群的整体抵抗力。搞好猪舍的清洁卫生和消毒工作，圈舍粪尿及垃圾要天天清除，确保空气流通，减少气味刺激。每3天用聚维酮碘、戊二醛、百毒杀等消毒药带猪消毒。

（3）猪群感染该病后要及时将病猪隔离治疗，并对猪舍用5%火碱彻底消毒。

（4）自繁自养，加强免疫。建议在9~10月种猪全群免疫流行性腹泻和传染性胃肠炎二联苗，交巢穴注射。

（5）因为肥猪和种猪有自愈的特点，所以不必打针。有时候打针反而会延长病程，因为腹泻的过程是个排毒的过程。不吃，但喝水，毒素排得差不多了病就好了。某些兽药往往导致肠道收敛，蠕动减慢，毒素排出得不及时，病程就延长了，有必要的话甚至要加速排毒。在水中加补液盐、电解多维、奶粉、葡萄糖等营养物质可促进恢复。

（6）当大小猪都有发病，有几窝没有发病的情况可以喂给患病猪的粪便，以缩短本病的流行时间。有的养殖户冬痢时间长达一个月，这窝好了另一窝又开始腹泻。流行性腹泻肥猪发生的比较多，发病的也比较早，在哺乳母猪没有发病的情况下可以让母猪接触发病猪的粪便，使之产生乳汁免疫力，保护仔猪。

（7）哺乳仔猪由于迅速脱水、酸中毒、低血糖导致死亡率比较高，选用干扰素、转移因子注射治疗效果不错。使用含有穿心莲、板蓝根、博落回也有一定效果。

（8）小猪也可以全群紧急接种腹泻二联活疫苗，3 天左右产生抗体，只能用活苗。

（9）因为哺乳母猪会在发病期间无乳，仔猪因为缺乳死亡。因此保护好 10 天内产仔的母猪是工作的重点。建议采取的措施是预产期 10 天内的母猪全部上床，上床后可减少传染的概率。哺乳母猪往往不食造成无乳，可注射催奶针，仔猪腹腔注射维生素 C、葡萄糖。

（10）停喂 1 ~ 2 顿，将新鲜稻草灰（有条件的可以用腐殖酸钠）混于饲料中让猪只食用，每头份量是大猪 40 ~ 50 克，中猪 30 ~ 40 克，小猪 20 ~ 30 克，喂食 1 ~ 3 次。也可在猪只饮水中添加 1% ~ 2% 食用醋，让猪只自由饮用，效果也不错，对病猪可缩短病程，对健康猪有预防使用。

（11）康复猪的免疫血清治疗仔猪“冬痢”。可用康复猪的血液 50 毫升制作 20 毫升左右的血清。每头仔猪肌注 2 毫升，一天 2 次，治愈率达到 98%，或者口服高免血清 5 ~ 10 毫升。

91. 猪流感有哪些流行特点？

（1）不同年龄、品种、性别的猪都易感。

（2）病猪和康复猪是主要传染源，后者可带病毒 1.5 ~ 3 个月。

（3）该病主要通过呼吸道飞沫传染，被污染的饲料和饮水也可间接传染。

（4）该病一般多发生于天气骤变的晚秋、早春及寒冷的冬天，但在阴雨、潮湿、闷热、拥挤、营养不良以及条件突变等情况下，猪群抵抗力下降，也易促使该病发生和流行。该病传播极其迅速，发病率高，但死亡率低。

92. 猪流感临床表现和病理变化是什么？

（1）临床表现：潜伏期短，几小时到数天。发病突然，在群养条件下，全群几乎同时感染发病。病猪体温升高达 40 ~ 41℃，高者可达 42℃，食欲减退或废绝，精神沉郁。肌肉、关节疼痛，行走困难，捕捉时发出尖叫声。呼吸急促，呈腹式呼吸，伴有阵发性、痉挛性咳嗽。眼、鼻流出黏液性或脓性分泌物，大便干硬。如无并发症，多数病猪可在 5 ~ 7 天康复；如有继发感染，病情加重，病程延长，常因发展为出血性肺炎或肠炎而死亡。

（2）病理剖检变化：主要病变在呼吸器官。鼻、喉、气管和支气管黏膜充血、肿胀，表面有大量泡沫样黏液；肺部病变常见于尖叶、心叶和中间叶，病变部呈紫红色，膨胀不全，病、健组织界限明显；肺门淋巴结、支气管淋巴结、颈淋巴结肿大多汁。

93. 如何防治猪流感？

（1）建立严格的防疫制度。规模饲养场要实行封闭式管理，建立健全并严格执行兽医卫生防疫制度，防止外来疫源传入。

（2）可用清热解毒药进行治疗，用板蓝根、大青叶等拌料，也可饮水。同时用安痛定、安乃近、柴胡退烧，肌内注射头孢噻呋钠等药物抗菌消炎，防止继发感染，连用 5 天。

（3）改善饲养管理条件。在气温多变的季节要注意加强对猪群的管理，保持猪舍内清洁卫生，冬季要做好保暖。对猪舍及周边的环境要定期消毒，对猪群要定期驱虫。在集约化饲养的条件下，饲养密度要合理，防止猪群拥挤。

第二节　细菌病

94. 猪细菌性腹泻与猪病毒性腹泻有哪些区别？

常见猪细菌性腹泻疾病主要有仔猪黄白痢、仔猪副伤寒、猪增生性肠炎等。它们与病毒性腹泻的区别主要有以下几个方面。

（1）发病年龄：细菌性腹泻往往只发生在仔猪阶段（如黄痢

发生于初生至10日龄，白痢多发生于10~30日龄，红痢多发生于7日龄内，仔猪副伤寒多发生于2~4月龄)。只有痢疾和增生性肠炎会感染成年猪，而病毒性腹泻所有年龄段猪只都会发生。

(2) 发病过程：细菌性腹泻在猪群里往往是从个别猪只开始，缓慢扩散发展，而病毒性腹泻则常呈现突发性，在猪群中迅速扩散、暴发。

(3) 稀便的颜色及性状：细菌性腹泻的稀便颜色多为黄、白色（黄白痢)、绿色（仔猪副伤寒)、红色（仔猪红痢、增生性肠炎、痢疾)；而病毒性腹泻稀便颜色多为灰黑色（传染性胃肠炎、流行性腹泻、蓝耳病）或蛋黄色（伪狂犬病、猪瘟、多系统衰竭综合征)。增生性肠炎和痢疾的稀便一般为糊状，而其他的腹泻一般呈水样，便秘与腹泻交替出现则是温和性猪瘟和仔猪副伤寒特有的现象。

(4) 季节：传染性胃肠炎、流行性腹泻、轮状病毒感染具有明显的季节流行特点，一般都发生在天气较冷的秋冬季。

(5) 呕吐：病毒性腹泻的发病猪除腹泻外，往往还伴有呕吐的症状；而细菌性腹泻一般都无呕吐的现象，也就是说，又吐又拉意味着病毒病的可能性很大。但呕吐应注意与浅表性胃炎引起的反流相区分。

(6) 症状的主次地位：猪瘟、伪狂犬病、蓝耳病、圆环病毒病是多系统疾病，腹泻只是其各种临床症状中的一个次要症状，而非主要症状，而其他腹泻疾病，腹泻是主要的甚至是唯一的症状，这一点在鉴别诊断中具有重要意义，没有经验的人，常常把出生仔猪发生伪狂犬病时出现的腹泻当做黄痢来治疗，就是其只注意到黄色稀便而忽视了其他症状和表现。通常人们了解不多的是蓝耳病和圆环病毒病引起的仔猪腹泻，在临床上，哺乳仔猪患蓝耳病及圆环病毒病引起的多系统衰竭综合征却非常普遍。这种顽固性腹泻使用任何抗菌药物均无效，但可随蓝耳病或多系统衰竭综合征的逐步康复而自然消失。这种腹泻究竟是原发性的还是继发性的还有待进一步的观察和研究，考虑到蓝耳病和圆环病毒病都是多系统疾病，病毒本身可侵害各种组织器官，包括一些与消化系统相关的器官，因此，原发性因素有切实存在的可能。

（7）特有的病理变化：仔猪副伤寒在结肠壁和回盲口有糠麸样坏死溃疡；增生性肠炎的回肠壁增生变厚如同硬管，肠腔表面具明显的皱褶；仔猪红痢有空肠和回肠出血性肠炎，并与正常肠段处界线分明；猪痢疾在大肠黏膜面出现血色麸皮状假膜；传染性胃肠炎、流行性腹泻、轮状病毒排出的稀便呈酸性。

95. 猪细菌性腹泻如何防治？

防治细菌性腹泻病关键首先是做好免疫工作，建立、执行规范的免疫程序，做好各种疫苗的预防接种。免疫的重点是产前母猪，疫苗应选择与本场血清型相一致的疫苗，如果条件许可可以自制。产前40天和15天分别注射1次，可预防大肠杆菌病；仔猪35日龄口服仔猪副伤寒疫苗，可预防仔猪副伤寒。

其次是治疗。治疗原则是一头发病，全窝预防。发病后再治疗，疗效不佳。

（1）抗生素治疗：30%长效土霉素、庆大霉素、烟酸诺氟沙星、磺胺脒、痢菌净均有一定的疗效。有条件的可以做抗生素药物敏感试验，以便采用适宜的抗生素治疗。

（2）大蒜疗法：制取大蒜泥25克加等量水搅匀，每头患病仔猪1次喂服10~30毫升，每日2次，连用3~5天。

（3）补液疗法：对脱水严重的病猪，可向腹腔注射5%的葡萄糖盐水20毫升，一天1~2次。

（4）根据微生态学原理使用微生态制剂调整肠道内菌群的平衡，如促菌生、乳酶生均能达到防治腹泻的效果。本类药不能与抗生素合用。

96. 仔猪黄白痢发生的原因及流行特点有哪些？

仔猪黄白痢是由致病性大肠杆菌引起的，常出现较高的死亡率（仔猪黄痢）和容易形成僵猪。仔猪黄痢也称速发型大肠杆菌病，一般在7日龄内发病，最快有在出生后12小时发病。仔猪白痢病也称迟发型大肠杆菌病，一般在10～20日龄发病。

（1）本病发生的原因是由于饲养管理不善造成的，如母猪抵抗力弱、无乳，母猪的大肠杆菌抗体保护率低；产房缺乏通风；舍内温度低、湿度大；舍内环境卫生差；产房空舍间隔不合理；舍内猪的密度大；舍内消毒不彻底等。

（2）流行特点是病猪和带菌猪是主要的传染源，而消化道是本病的主要传播途径。本病的发生同各种应激因素相关性很大，阴雨潮湿、圈舍污浊、母猪乳汁不足或太浓等都可促进本病的发生和病情的恶化。本病一年四季均可发生，多呈散发。

① 仔猪黄痢：主要发生于5日龄以内仔猪，潜伏期一般为12小时至3天，最早发病时间可见于出生后2～3小时，其中以1～3日龄最为常见。3日龄内的仔猪每窝发病率可达90%以上，严重的死亡率100%。随着日龄的增长发病率渐减，至7日龄以上仔猪很少发生仔猪黄痢。同窝仔猪中只要有一头开始发病会使全窝仔猪全部发病，而且往往是整窝几乎同时发病，一窝一窝地相继发生。其传染源主要是带菌母猪，病原菌通过粪便污染母猪的乳头和皮肤，仔猪吮乳或舔舐母猪皮肤时食入病菌，在母源抗体水平达不到保护线以上时感染发病。本病的发生没有季节性，但同猪场环境有明显的相关性。

② 仔猪白痢：主要发生于10～30日龄仔猪，以2～3周龄最为常见。1月龄以上很少发生，往往是一窝猪相继发生，一窝猪的发病率达30%～80%，病程较长，且易出现断奶腹泻。发病率较高，而死亡率较低，但断奶时发病死亡很快。

97. 仔猪黄白痢怎么治疗和预防呢？

仔猪黄痢、白痢的治疗以抗菌消炎、止泻、补液为主。

（1）链霉素、庆大霉素、盐酸诺氟沙星或恩诺沙星等药物肌内注射，每天2次，连用2～3天，同时可在饲料或饮水中添加恩诺沙星，供其自由采食或饮水。

（2）可使用口服补液盐（氯化钾 1.5 克、食盐 3.5 克、葡萄糖 20 克、碳酸氢钠 2.5 克）进行胃管补液。将口服补液盐加水至 1 千克，同时加入适量的抗菌药物或收敛止泻药（如活性炭等），用胃管一次投服或灌服，每头仔猪每次内服 50 毫升。

（3）对发病比较严重的仔猪进行腹腔输液，在输入的糖盐水中，加入适量的维生素 B_6、维生素 C；为防止酸中毒，还可加入适量的碳酸氢钠。防止仔猪脱水，降低仔猪死亡率，在腹腔输液时要把糖盐水加热到体温的温度。

仔猪黄痢、白痢的预防措施。

（1）合理搭配饲料。哺乳期间不随意更换饲料，少投喂高能量饲料，禁喂发霉变质的饲料。在投喂母猪配合饲料时，限定玉米等能量饲料的配比不高于 60%，粗蛋白质含量不低于 18%。母猪在分娩前 1 周左右逐步减料投喂，适当补充糖盐水，以后逐渐加料。仔猪出生后，使其尽早吃初乳，获取免疫力。10～15 日龄时适当开食，锻炼胃肠功能，促进器官发育，增强体质。

（2）搞好环境卫生，加强消毒。产前 5 天左右将产房打扫干净，并用 5%～8% 的火碱溶液对圈舍及其周围彻底消毒。以后每 3 天用聚维酮碘、百毒杀、戊二醛等消毒药带猪消毒一次。

（3）母体的消毒。母猪进入产房前用聚维酮碘、百毒杀、新洁尔灭或 0.1% 高锰酸钾等进行全面清洗和消毒，会阴和乳房是重中之重。母猪分娩当天要对乳头和会阴部进行消毒，消毒前将每个乳头挤出 3 滴乳汁，用盆接好后弃掉；然后用 0.1% 的高锰酸钾溶液擦洗乳头后，让仔猪吃奶。产后仔猪断脐用 5%～10% 碘酒消毒，剪牙使用 0.1% 的高锰酸钾溶液消毒。

（4）母猪饲料添加药物。于产前 7 天和产后 7 天给母猪的饲料中添加广谱抗生素，如土霉素、氟苯尼考、阿莫西林、恩诺沙星等。

（5）母猪产后注射。母猪产后马上注射一针 30% 长效土霉素或头孢噻呋钠，或长效的氟苯尼考，长效的磺胺－6－甲氧嘧啶。

（6）新生仔猪内服药物。仔猪黄痢严重时，出生可立即灌服益生菌口服液，调节肠道有益菌保护肠黏膜，或口服庆大霉素、卡那霉素、硫酸新霉素、烟酸诺氟沙星等，每天2次，连用3天。仔猪白痢严重时，在生后10日龄按上述方法处理。

(7) 提高环境温度。无论冬夏都要设置保温箱（带保温板），同时用红外线灯泡照射取暖。新生仔猪需要32～33℃，以后每周降2～3℃。

(8) 减缓应激。疫苗注射、驱虫、去势应尽量避开断奶期，若遇天气突然变冷或气温骤然上升，可推迟几天断奶，并做好保暖或防暑工作。

(9) 强化母猪免疫接种。怀孕母猪可于产前40天、15天各接种一次大肠杆菌性腹泻三价或六价基因工程灭活苗，以产生足够的母源抗体移行到母乳中，可预防仔猪黄痢、白痢的发生。

98. 猪水肿病发生的原因有哪些？

猪水肿病是由溶血性大肠杆菌引起的断奶仔猪的一种急性、散发性、致死性肠毒血症，也称猪胃肠水肿或猪大肠杆菌肠毒血症。主要以全身水肿和神经症状为特征，表现为四肢运动障碍、行走无力、瘫痪，眼睑、肛门水肿，体温下降，叫声嘶哑。潜伏期很短，病程2～3天，死亡率很高。发病慢的病猪精神萎靡，厌食，盲目行走或转圈，摇晃，对周围环境十分敏感，触之惊叫，口吐白沫，体温升高，心跳加快。眼睑、脸部、头部、颈部、胸腹、耳部等发生水肿；急性病猪5～6小时即死亡。

本病主要发生于断奶后的仔猪，发病率5%～30%，致死率高达90%以上。发病多是营养良好和体格健壮的仔猪，一般局限于个别猪群，不广泛传播，多见于春季4～5月和秋季9～10月。造成猪水肿病发生的原因主要有以下几个方面。

(1) 病原因素。本病的病原为溶血性大肠杆菌。值得注意的是引起本病发生的致病性大肠杆菌并不是外来的或“临时参加”的。此类大肠杆菌在哺乳期间即有少量存在于仔猪肠道内，但在哺乳条件下并不致病。在适当诱因（如断奶、饲料突变、天气变化等）的作用下，引起机体抵抗力下降，特别是肠功能紊乱，肠内的微生态平衡破坏，促进了溶血性大肠杆菌在仔猪肠道内不断繁殖，产生毒素。经肠道吸收进入血液后逐渐在仔猪体内积聚，引起毒血症，毒素积聚到一定程度就引起仔猪发病，导致死亡。

（2）母源性大肠杆菌性抗体因素。仔猪出生后，母源抗体的传递是通过小肠吸收以母乳而获得，母源性大肠杆菌性抗体在仔猪体内维持时间是7～35天，所以断奶后易发病。

（3）消化功能不健全。在仔猪阶段，猪胃肠内缺乏胃蛋白酶和游离盐酸，难以消化蛋白质，特别是植物性蛋白质（如豆粕等）。若饲料中添加过多的豆粕后，豆粕中植物凝血素会损伤小肠绒毛，胰蛋白酶抑制因子会抑制胰蛋白酶的活性，从而降低蛋白质的分解与吸收。一般情况下初喂这些饲料还不至于发病，到中后期，由于蛋白质不能彻底分解，使肠内容物腐败、发酵，刺激肠末梢感受器蠕动增强，从而引起腹泻、消化不良，继而发生水肿病，因营养过剩而引起的水肿病多数归于死亡。

（4）断奶对猪的应激。随着日龄的增长，仔猪肠胃内的消化酶不断增加，但由于断奶应激，各种消化酶的活性有所下降，从而使消化生理功能失调，导致肠道菌落失调。而早期断奶应激可降低仔猪体内循环抗体的水平，抑制细胞免疫力，从而导致溶血性大肠杆菌过度繁殖产生毒素，被机体吸收后而发生水肿。

（5）饲料蛋白质过高。本病的发生与饲料单一或喂给大量浓厚的精饲料等有关。目前，有的饲料厂家为追求高蛋白、高产出的精饲料，使得饲料蛋白水平过高，而早期断奶仔猪的消化生理特点决定了对植物性蛋白质的消化能力差，较多饲料蛋白进入肠道后发生腐败，对消化器官组织发生伤害，导致消化不良和腹泻。未消化的蛋白质或未被吸收的氨基酸进入肠道后，导致肠道微生物体系的紊乱而利于本菌繁殖产生毒素，诱发该病。

（6）饲料中维生素E、硒的缺乏。维生素E和硒在机体内共同参与机体的抗氧化防御体系，保护细胞膜的结构和功能免受脂质过氧化物游离基的破坏，两者有复杂的补偿和协同作用。当机体缺乏时，免疫器官正常结构遭到破坏，抗病力减弱，引起仔猪营养不良，消化酶活性降低，影响消化道正常生理机能，肠道菌群失调，从而为某些致病性大肠杆菌的增殖、附着和毒素产生与吸收创造了条件。

（7）饲养条件。仔猪的生活都有一定的规律性，严防突然改变饲养条件及饲养方式，尤其在某些关键时刻更应该注意。如断奶前后生喂料突然改为熟喂料，或熟喂料突然改为生喂料，不定时定量，忽饱忽饥，这些极易使肠道微生物群失调，导致溶血性大肠杆菌过度繁殖产生毒素，被机体吸收后而发生水肿。

（8）其他因素（过早断奶、疫苗接种、运输、环境改变、气候突变、冷热刺激等）。这些应激原刺激仔猪机体也能使其对病原菌的抵抗力减弱，就引发了消化不良和腹泻，致使肠道正常菌群体系失调，也就导致大肠杆菌等有害菌大量繁殖，造成水肿病的发生。

99. 猪水肿病主要有哪些临床表现和病理变化？

猪水肿病的主要临床表现如下所述。

（1）最急性型：本型少见，突然发病，卧地不起，全身肌肉及四肢抽搐，口角流涎，吐沫，呼吸极度困难，迅速死亡。多数见不到症状，突然死亡，病程仅1~2小时。

（2）急性型：本型多见，常为急性发病，有的食欲减退或完全停止，体温一般正常，有的高达40.5℃，共济失调，无目的乱冲、乱撞或做转圈运动，有的两前肢跪地，后肢直立或四肢下卧，突然向前猛跃。不能站立或爬行，强迫行走时四肢乱蹬。有时发生呕吐，皮肤有水波动感。其主要特征是眼睑严重水肿，颈部、头部发“胖”或水肿，其次是精神迷乱、共济失调等神经症状。病程一般12~24小时。

（3）慢性型：本型少见，头部、眼睑水肿明显，精神委顿，卧地不起，最后消瘦、衰竭而死亡，病程2~4天。发病初期及时对症治疗可痊愈。

猪水肿病的病理剖检变化如下所述。

（1）最急性型变化不明显或不见病变。

（2）急性型和慢性型基本相似。剖检病变主要是胃壁水肿，尤以胃大弯和贲门部水肿明显，水肿部位明显变厚，切面见肌层和黏膜之间有无色透明的胶冻样水肿液，胃底弥漫性出血。肠系膜特别是结肠系膜水肿，肠系膜淋巴结肿胀、充血、切面湿润多汁，十二指肠及空肠黏膜弥漫性充血，大肠黏膜呈卡他性肠炎；心包、胸腔、腹腔有较多积液；肺脏隆膨，肺胸膜下有散在的出血灶；肝脏稍有肿大，色泽变黄，有时可见其表面有不规则的灰白色病灶；脾脏稍肿大，有时可见脑膜水肿，脑干部有两侧对称的软化灶。其他组织未见明显病变。

100. 猪水肿病怎么治疗和预防？

仔猪水肿病难治，但不是不可治，治疗的关键是早发现、早诊断、早隔离、早治疗。临床实践证明，使用抗菌消炎药加维生素C，也可采用中西药物结合和对症疗法，以抗过敏、消除水肿和抑制肠道致病菌协同进行，具有较好的治疗效果。同时要尽量减轻对病猪的惊扰。

（1）用20%复方磺胺嘧啶钠10毫升或磺胺－6－甲氧磺胺嘧啶10毫升，肌内注射，每天2次，连用3～5天。或磺胺嘧啶钠按每千克体重20～25毫克和50%葡萄糖10毫升混合，耳静脉注射。

（2）5%～10%氯化钙和4%乌洛托品各5～10毫升，混合后静脉注射。

（3）维生素E－亚硒酸钠注射液深部肌内注射，5千克仔猪2～3毫升，20千克以上仔猪5毫升，严重病例隔5～6天重复用药1次。此外对病猪可应用缓泻剂通便，以减少毒物的吸收，对治疗可起到积极作用。

（4）恩诺沙星4～6毫升，肌内注射，每天2次，连用3天；维生素E－亚硒酸钠注射液深部肌内注射1次，病重者隔5～6天重复注射1次。

（5）硫酸卡那霉素按每千克体重用药 25 毫克，肌内注射，每日 2 次，连用 3 天；5% 葡萄糖 200 毫升静脉注射，按猪病情需要和体型大小加减，每日 2 次，连用 2 天。或硫酸卡那霉素 2 ~ 4 毫升、维生素 C6 毫升、复合维生素 B2 ~ 3 毫升和 50% 葡萄糖 10 毫升混合一次耳静脉注射，每天 2 次，连用 2 ~ 3 天。

（6）消除水肿应选用 20% 甘露醇 100 ~ 150 毫升耳静脉注射。保护心脏用 10% 安钠咖 4 毫升，肌内注射。

（7）对病情好转的仔猪，为巩固疗效可选用氢化可的松 20 ~ 50 毫克，或庆大霉素 6 万 ~ 8 万单位，肌内注射，每天 1 次。为了预防同窝仔猪发病，选用磺胺嘧啶钠片剂喂服，每头每天 1 ~ 1.5 片，连服 2 ~ 3 天。

预防本病要采取以下措施。

（1）减轻仔猪断奶后营养应激的影响。合理的早期断奶可提高母猪的繁殖能力，加快仔猪的生长。

（2）降低仔猪饲料中的蛋白质含量。仔猪早期断奶后胃酸分泌少，各种蛋白酶的活性低，尤其不适应植物性蛋白质高的饲料。因此，断奶后 3 周内仔猪饲料中蛋白质的含量不应高于 19%，其中植物蛋白不应高于 15%。

（3）应用酸化剂。仔猪断奶后 1 个月内在饲料或饮水中添加 1% ~ 1.5% 的柠檬酸（乳酸和食醋也可），提高胃内酸度，既适合有益的乳酸杆菌的繁殖，又能抑制有害大肠杆菌及其他病原菌的滋生繁殖，还可提高消化酶的活性，对控制水肿病和仔猪腹泻都有明显的效果。

（4）及时补铁。仔猪常常发生缺铁性贫血现象，缺铁性贫血不仅影响仔猪的正常生长发育，还会引起继发感染大肠杆菌，导致腹泻和水肿病的发生。为此，仔猪应在 3 日龄和 10 日龄各补铁一次。

（5）适时补硒。在饲料中添加维生素 E - 亚硒酸钠粉，或肌内注射维生素 E - 亚硒酸钠注射液。不仅可以预防白肌病，而且还对仔猪水肿病有一定的预防和治疗作用。

(6) 药物预防。可在饲料中添加长效土霉素、金霉素、新霉素、磺胺类等药物，对预防仔猪腹泻和水肿病有一定效果。

(7) 加强免疫。可用水肿病疫苗进行免疫注射。

(8) 定期驱虫。在仔猪断奶前后使用各种驱虫剂驱虫，可以避免寄生虫侵蚀肠黏膜，防止大肠杆菌侵入，从而减少仔猪水肿病发生。

(9) 消灭传染源，隔离病猪，搞好猪舍卫生，定期严格消毒。

101. 肥猪和后备猪排黑色稀便、有时候带血是怎么回事？

"肥猪和后备猪有时排黑色稀便、偶尔是血便"有可能是猪增生性肠炎病。猪增生性肠炎又称增生性回肠炎、坏死性肠炎、增生性肠病、增生性出血性肠病、猪肠腺瘤等，是由细胞内劳森氏菌引起的传染病。

近年来，可能受环境污染、气候变化、长途运输、饲养密度过高、转换饲料、转栏及抗生素类、添加剂使用不当等因素影响，会诱发该病的发生和流行。

(1) 各种年龄的猪对本病均有较强的易感性，本病潜伏期3~6周，常发生于6~20周龄的生长育成猪，有时也发生于刚断奶的仔猪和成年公、母猪。

(2) 病猪和带菌猪粪便带有病原菌，并随粪便排出体外，污染外界环境、饲料、饮水等，主要经消化道感染。天气变化、运输、饲养密度过大、不良卫生条件等应激因素，是引起本病暴发的主要原因。被感染的猪群死亡率虽然不高，但由于患猪对饲料利用率下降，生长迟缓，经济损失比较严重。

102. 猪增生性肠炎主要有哪些临床表现和病理变化？

猪增生性肠炎在临床上主要表现有急性型与慢性型之分。患病猪中急性型占的比例小，慢性型占的比例大。无论是急性型还是慢性型，如无继发感染，体温一般都比较正常。

（1）急性型：急性型的病猪，主要表现为突然严重腹泻，排黑色油状粪便或血样粪便，不久虚脱死亡，也有的仅有皮肤苍白或贫血等表现，未发现粪便异常，而在挣扎中死亡。

（2）慢性型：病猪可出现或不出现临诊症状。猪增生性肠炎症状较轻，不一定出现腹泻。在断奶后至育肥阶段，精神低迷，食欲下降，消瘦，被毛粗乱，间歇性下痢，粪便变软、变稀或呈糊状或水样，有时混有血液或坏死组织碎片，皮肤苍白，轻者一个月后可康复，重者呈僵猪。以上病猪常由于肠黏膜的发炎或坏死而发展为局部性回肠炎或坏死性肠炎，呈持续性腹泻，生长迟滞，皮肤苍白，有的出现死亡。增生性出血性肠病主要发生于成年猪和后备猪，呈急性出血性贫血，病程稍长者，排黑色油状或绿色稀粪，后期转为黄色，脱水死亡。

猪增生性肠炎病理剖检可见小肠后部、结肠前部和盲肠的肠壁增厚，直径增加，浆膜下和肠系膜常见水肿。小肠末端 50 厘米和结肠螺旋的上 1/3 处肠黏膜呈现特征分枝状皱褶（横向或纵向），黏膜表面湿润而无黏液，有时附有颗粒状炎性渗出物，黏膜肥厚。增生性出血性肠病的病变同增生性肠炎，但很少波及大肠，小肠内有凝血块，结肠内有混有血液的粪便。

103. 怎样防治猪增生性肠炎？

抗生素对本病防治有一定效果。目前常用的抗生素有多西环素、泰乐菌素、泰妙菌素、喹诺酮类等。各猪场可根据本场发病情况，采取间断性给药方法。另外，可采用添加剂的形式防治此病。本病常与猪的霉菌中毒混合感染，所以预防过程中也应同时添加脱霉剂，以减少发病概率，从而降低损失。

（1）抗生素对本病的治疗效果还是可见的，首选敏感长效药物，对发病猪肌注头孢噻呋钠；对拉血便的，再肌注一针止血针（如止血敏）。

（2）对发病的同栏或全群猪同时用敏感抗生素拌料，泰妙菌素或替米考星。

(3) 口服补液盐、补充维生素和优质益生菌，对修复肠道黏膜、促进食欲、调节肠菌平衡、恢复健康有很大帮助。

(4) 加强饲养管理，减少外界环境不良因素的应激，提高猪体本身的抵抗力。

(5) 出猪空栏时栏舍应彻底消毒，空闲7天后方可进猪。

(6) 在流行期间、调运前或新购入猪只时，可在饲料中添加预防性药物。

104. 仔猪副伤寒与猪瘟如何鉴别?

急性仔猪副伤寒症状与猪瘟非常相似，故此在临床诊断中要认真鉴别。主要经过流行病学、临床症状、病理剖检变化进行区分。

(1) 流行病学鉴别：仔猪副伤寒只在4月龄以下的仔猪发病，猪瘟不分年龄大小均可发病；猪瘟可常年发病，而仔猪副伤寒多在长途运输、环境改变、季节变化（特别是冷热交变季节）、圈舍拥挤、规模化养殖场发病。

(2) 临床症状鉴别：仔猪副伤寒与猪瘟临床症状非常相似，都有发热、前期便秘、后期下痢、眼结膜炎、脓性眼屎等症状，难以鉴别。但仔猪副伤寒后肢内侧、腹下皮肤出现湿疹，可见豆大干涸浆性覆盖物，揭开见浅表溃疡，而猪瘟在四肢内侧、腹部皮肤可见弥漫性针尖状出血点。

(3) 病理剖检变化鉴别：仔猪副伤寒的特征性病变为脾脏肿大、质变硬，似橡皮样，盲肠有边缘不规则的红色溃疡，表面附有腐乳状或糠麸样假膜，肠系膜淋巴结索状肿大出血呈葡萄串状；而猪瘟的特征性病变表现在脾脏梗死，以边缘梗死最为明显，呈锯齿状，回盲口有同心圆样黑色溃疡，呈纽扣状。

105. “猪关节肿大，有的形成脓肿或关节变形”是怎么回事?

“猪关节肿大，有的形成脓肿或关节变形”可能是链球菌病。猪链球菌在猪群中普遍存在，它可导致一系列的病患，包括脑膜炎、败血症、关节炎和肺炎。本病一年四季均可发生，但以5~11月多发。多为地方性流行，常呈败血型，短期波及全群；在自然条件下，仔猪、架子猪和怀孕猪发病率高；病猪的鼻液、唾液、尿、血液、肌肉、内脏和关节均可检出病原体。未经无害化处理的病死猪肉、内脏及废弃物是散播本病的主要原因。本病主要经呼吸道传播，其次是伤口感染。

106. 猪链球菌病主要临床表现和病理剖检变化有哪些?

猪链球菌病的潜伏期1~5天或稍长，可分为急性败血型、脑膜脑炎型、亚急性和慢性型。

（1）急性败血型：突然死亡，体温升高至41~43℃，震颤、食欲废绝、便秘；眼结膜潮红、流泪；耳、颈及腹下皮肤出现紫斑。个别病猪出现多发性关节炎，跛行、爬行或不能站立，部分猪只出现共济失调、空嚼或昏睡等神经症状。后期出现呼吸困难，常在1~3天死亡，死前天然孔流出暗红色血液，病死率80%~90%。

（2）脑膜脑炎型：常发生于仔猪，病初发热，食欲减退、便秘、有浆液性鼻漏。病猪共济失调、转圈，继而后肢麻痹，前肢爬行，四肢做游泳状或昏迷不醒，直至死亡。个别猪出现多发性关节炎、关节肿大。最急性者几小时死亡。

（3）亚急性型和慢性型：主要表现关节炎、心内膜炎、化脓性淋巴结炎、子宫炎、包皮炎、乳房炎、咽喉炎及皮炎。这阶段病程较长，症状比较缓和。一般死亡率不高，病程3~5天。

病死猪剖检的病理变化：血液凝固不良，黏膜和皮下出血。浆膜腔积液含有纤维素，肺充血、肿胀。全身淋巴结不同程度肿大、充血和出血。心包积液呈淡黄色，心内膜有出血斑点。病程稍长的病例可见轻度的纤维素性胸膜炎和腹膜炎。多数病例脾肿大呈红色或紫蓝色，柔软而易脆裂。胃、肾和脑膜有不同程度的充血和出血。慢性型发生心内膜炎时心瓣膜增厚，表面粗糙，在瓣膜上有菜花样赘生物，常见于二尖瓣或三尖瓣。关节囊内有黄色胶冻样液体或纤维素性脓性物质。

107. 如何防治猪链球菌病?

发病初期一般使用大剂量、长疗程的青霉素肌内注射，对大多数病例有效，亦可选用四环素、红霉素、林可霉素、氨苄青霉素及头孢类抗生素。同时还需外科引流脓肿及手术切除瘘管。如有混合感染，可在饲料或饮水中添加增强机体抵抗力的药物，如黄芪多糖、电解多维、葡萄糖等。

（1）疫苗免疫接种。目前市面上使用的疫苗是猪链球菌 2 型灭活疫苗。一般母猪产前 4 周免疫注射，仔猪分别于 30 和 45 日龄各接种 1 次；后备母猪于配种前 10 ~ 15 天接种一次。

（2）搞好环境卫生，加强消毒。

108. “猪体温升高，身上皮肤有大面积圆形、菱形或不规则的出血斑块，呈打火印样”是怎么回事?

“猪身上皮肤有大面积圆形、菱形或不规则的出血斑块，呈打火印样”可能是猪丹毒病。猪丹毒病俗称“打火印”，是由猪丹毒杆菌引起的一种急性、热性、败血性传染病，其特征为高热、急性败血症、亚急性皮肤疹块、慢性疣状心内膜炎及皮肤坏死与多发性非化脓性关节炎。目前集约化养猪场比较少见，但仍未完全控制。

本病尤其以断奶后至 3 ~ 6 月龄的架子猪多发，成年母猪也有发病。

本病一年四季都有发生，夏秋多雨季节发病较多。常为散发性或地方流行性传染，有时也引起暴发性流行。主要由病猪、带菌猪及其他带菌动物传染，它们的分泌物、排泄物污染饲料、饮水、土壤、用具和猪舍等，通过消化道传染给猪。也可通过皮肤创伤和蚊子等吸血昆虫机械性传播本病。

109. 引起猪丹毒的原因有哪些?

（1）猪舍潮湿、卫生差，而且摄入粪便。

（2）饮水系统遭病原污染。

（3）突然更换饲料。

（4）连续生产，空舍时间短，或猪舍消毒不彻底。

（5）猪只转群、混群造成应激；气温突变，尤其是夏季高温。

（6）引种或引用人工授精的精液等。

（7）病毒病感染，尤其是繁殖呼吸综合征（蓝耳病、圆环病毒病和流感等）。

（8）栖息区垫有稻草的猪舍更易发生，因为丹毒杆菌可在稻草中存活。

110. 猪丹毒主要有哪些临床表现和病理变化？

猪丹毒的潜伏期短的1天，长的7天。临床上主要有急性型、亚急性型（疹块型）、慢性型。

（1）急性型：目前此型不常见。病猪精神不振、高烧不退；不食、呕吐；结膜充血；粪便干硬，附有黏液。小猪后期下痢。耳、颈、背皮肤潮红、发紫。临死前腋下、股内、腹内有不规则鲜红色斑块，指压退色，后融合一起，常于3～4天死亡。若不死者转为疹块型或慢性型。哺乳仔猪和刚断奶的小猪发生猪丹毒时，一般突然发病，表现神经症状，抽搐，倒地而死，病程多不超过一天。

（2）亚急性型（疹块型）：此型目前多见，但也偶尔发病。发病1～2天在身体不同部位，尤其胸侧、背部、颈部至全身出现界线明显，圆形、四边形，有热感的疹块，俗称“打火印”，指压退色。疹块突出皮肤2～3毫米，大小一至数厘米，从几个到几十个不等，干枯后形成棕色痂皮。病猪口渴、便秘、呕吐、体温高。疹块发生后体温开始下降，病势减轻，经数日病猪自行康复。也有不少病猪在发病过程中，症状恶化而转变为败血型而死。病程1～2周。

（3）慢性型：由急性型或亚急性型转变而来，也有原发性，常见的有慢性心内膜炎、慢性关节炎和皮肤坏死等几种。

① 慢性心内膜炎型主要表现消瘦、贫血，全身衰弱，喜卧，强使行走则举止缓慢，全身摇晃，呼吸急促。此种病猪不能治愈，通常由于心脏停搏突然倒地死亡，病程数周至数月。

② 慢性关节炎型主要表现为四肢关节（腕、跗关节较膝、髋关节最为常见）的炎性肿胀，病腿僵硬、疼痛，以关节变形为主，呈现一肢或两肢的跛行或卧地不起。病猪食欲正常，但生长缓慢，体质虚弱，消瘦。病程数周或数月。

③ 皮肤坏死型常发生于背、肩、耳、蹄和尾等部。局部皮肤肿胀、隆起、坏死、色黑、干硬、似皮革。逐渐与其下层新生组织分离，犹如一层甲壳。坏死区有时范围很大，可以占整个背部皮肤；有时可在部分耳壳、尾巴末梢、各蹄壳发生坏死。经2~3个月坏死皮肤脱落，遗留一片无毛、色淡的疤痕而愈。如有继发感染，则病情复杂，病程延长。

猪丹毒主要病理变化如下所述。

（1）急性型：胃底及幽门部薄膜发生弥漫性出血，小点出血；整个肠道都有不同程度的卡他性或出血性炎症；脾肿大，呈典型的败血脾；肾瘀血、肿大，有“大红袍肾”；淋巴结充血、肿大，切面外翻，多汁；肺脏瘀血、水肿。

（2）亚急性型：充血斑中心可因水肿压迫呈苍白色。

（3）慢性型。① 心内膜炎型：在心脏可见到疣状心内膜炎的病变，二尖瓣和主动脉瓣出现菜花样增生物。② 关节炎型：关节肿胀，有浆液性、纤维素性渗出物蓄积。

111. 如何治疗猪丹毒？怎样预防？

猪丹毒治疗方法如下所述。

（1）发热时用安痛定、柴胡肌内注射。或用头孢噻呋钠，肌内注射，一天1次，连用3~5天。

（2）氨苄青霉素肌内注射，每千克体重3万单位，一天2次，连用3~5天。或青霉素肌内注射，每千克体重8万单位，一天2次，连用3~5天。

(3) 在每吨饲料中添加200克青霉素或氨苄青霉素粉，连续10~14天。这种方式不仅作为预防性用药非常有效，还可以在大范围暴发的情况下做治疗之用。另外，每吨饲料中添加500克四环素也有效果。如果病猪数目较多，则有必要对易感群体进行全群注射治疗。

预防猪丹毒其实并不可怕，只要积极治疗，治愈率还是较高的。将个别发病猪只隔离，同群猪拌料用药。在发病后1~3天治疗，疗效理想。首选药物为青霉素、头孢类，对该细菌应一次性给予足够药量，以迅速达到有效血药浓度，直至体温和食欲恢复正常后48小时。药量和疗程一定要足够，不宜停药过早，以防复发或转为慢性。

(1) 预防性投药。全群投药，每吨饲料中添加清开灵颗粒1千克、70%水溶性阿莫西林或氨苄青霉素或青霉素800克，连用3~5天。

(2) 如果生长猪群不断发病，则有必要采取免疫接种，用猪丹毒氢氧化铝甲醛苗8周龄接种一次，间隔2~4周最好再来一次。防母源抗体干扰，一般8周以前不做免疫接种。种公、母猪每年春秋两次进行免疫。

(3) 加强饲养管理，保持栏舍清洁卫生和通风干燥，避免高温高湿，定期消毒。

(4) 对引入的新猪或种猪要隔离观察21天，对圈、用具定期消毒。

112. “猪皮肤发白、消瘦，并且伴有呼吸困难，剖检可见‘绒毛心’”是怎么回事?

“猪皮肤发白、消瘦，并且伴有呼吸困难，剖检可见‘绒毛心’”可能是副猪嗜血杆菌病。

副猪嗜血杆菌病又称多发性纤维素性浆膜炎和关节炎。临床上以体温升高、关节肿胀、呼吸困难、多发性浆膜炎、关节炎、高发病率和高死亡率为特征的传染病。目前，副猪嗜血杆菌病严重危害仔猪和保育猪的健康，已经在全球范围影响着养猪业的发展，给养猪业带来巨大的经济损失。

副猪嗜血杆菌只感染猪，可以影响从2周龄到4月龄的猪，通常见于断奶前后和保育阶段（5~8周龄）的猪发病。病猪、临床康复的猪和隐性感染猪为主要传染源，传播途径主要以呼吸道和消化道为主。当猪群中存在繁殖与呼吸障碍综合征、流感或地方性肺炎情况下，该病更容易发生。

本病虽然一年四季均可发生，但多发生在早春和深秋天气变化较大的时候，还可以继发于猪的一些呼吸道及胃肠道疾病。

本病在饲养环境不良时多发。猪场环境差，粪便不及时清扫，猪舍通风不良；猪群密度大；各种应激（猪群断水、断奶、转群、混群或运输等）因素所引起的。

113. 副猪嗜血杆菌病主要有哪些临床表现和病理变化？

副猪嗜血杆菌病的临床表现如下所述。

（1）急性型：病猪发热、体温升高至41℃左右，精神沉郁，反应迟钝，食欲下降或废绝，咳嗽，呼吸困难，有轻微的吹哨音，心跳加快。随发病时间的延长，皮肤发绀或苍白，耳梢发紫，眼睑皮下水肿，扎堆，腕关节、跗关节肿大，行走缓慢或不愿站立，出现跛行，常以足尖站立并以短步、拖拽步态行走，共济失调，临死前侧卧或四肢呈划水样。

（2）慢性型：主要临床表现是食欲下降，咳嗽，呼吸困难，皮毛粗乱，腕关节、跗关节肿大，四肢无力或跛行，生长不良。

副猪嗜血杆菌病的病理剖检变化：胸膜炎明显（包括心包炎和肺炎），关节炎次之。腹膜炎和脑膜炎相对少一些，主要以浆液性、纤维素性渗出性炎症（严重的呈豆腐渣样）为特征。

病死猪剖检可见纤维素性或浆液性渗出，多数病猪肺脏为紫红色，个别严重病猪肺脏与胸膈粘连，胸水、腹水增多。有时肺脏发生粘连、肿胀、出血、瘀血；心包积液、纤维化、呈绒毛状，俗称

“绒毛心”；全身淋巴结肿大；气管内有大量黏液；后肢关节切开有胶冻样物；小肠卡他性肠炎；肝肿大，表面有灰白色坏死灶，大小如绿豆粒；脾表面有出血点，边缘梗死；肾脏有少量针尖大出血点。

114. 怎样预防副猪嗜血杆菌病?

（1）将所有病猪隔离，淘汰无饲养价值的僵猪或严重病猪；发病猪只可用氨苄青霉素、青霉素、硫酸庆大霉素、新霉素、四环素、头孢类等药物口服或肌内注射，使用要遵照药物使用说明，用药剂量要足，同时加入电解多维。副猪嗜血杆菌很容易产生耐药性，进行治疗时应以分离菌的药敏试验为依据，选择敏感药物。

（2）将猪舍冲洗干净，严格消毒。同时对猪群用百毒杀、聚维酮碘、醛制剂进行带猪消毒，每3天一次。

（3）加强饲养管理，改善猪舍通风条件，疏散猪群，减少密度，严禁混养。

（4）严格执行猪场兽医卫生制度，避免或减少应激因素的发生，如防止饲养条件的突然改变和其他病原微生物的感染。

（5）当有应激发生时，可提前给猪群投给预防剂量的抗生素（如阿莫西林、氟苯尼考、土霉素或磺胺类药物），可以起到预防本病发生的作用。

（6）新引进猪群时，先隔离饲养，并维持2～3个月的适应期，以使那些没有免疫接种但有感染条件饲养的猪群建立起保护性免疫力。

（7）有本病流行的猪场，可用副猪嗜血杆菌灭活疫苗实施疫苗免疫接种。最好用分离自本场的菌株制备灭活疫苗，母猪接种疫苗后，可对4周龄以内的仔猪提供保护性免疫力。可用相同血清型的灭活疫苗对仔猪进行免疫接种。母猪：初免猪产前40天首免，产前20天二免。经产猪产前30天免疫一次。仔猪免疫一般安排在7～30日龄进行，每次1头份，最好首免后过15天再重复免疫1次。

115. 猪布氏杆菌病是怎么回事?

猪布氏杆菌病是由猪布氏杆菌引起的以流产、子宫炎（母猪）和睾丸炎、附睾炎（公猪）为主要特征的一种人兽共患病，简称为“布病”。

猪布氏杆菌病呈地方性流行，无明显的季节性，病畜和带菌动物是本病的传染源。主要经消化道感染，也可经生殖道、皮肤和黏膜感染，吸血昆虫可以传播本病。潜伏期长短不一，短者两周，长者可达半年。

感染此病的猪大多为隐性经过，临床上比较少见，仅有少数猪呈现出临床症状。怀孕母猪流产多发生在怀孕后 30 ~ 50 天或 80 ~ 110 天；流产胎儿多为死胎或弱胎，于出生后 1 ~ 2 天死亡。公猪发生睾丸炎或附睾炎，病初有发热，接着睾丸肿大，出现炎症反应，有热痛感，随着病情的加重，睾丸继续肿大，若仅一侧睾丸发病，那么无病侧的睾丸萎缩，随着病程的延长，公猪睾丸萎缩，不能配种。不论是公猪还是母猪，在病程中还会出现后肢跛行，关节肿大，甚至瘫痪（少见）。

病猪剖检时可发现，腹股沟淋巴结、颌下淋巴结、乳房淋巴结肿胀，切面多汁，有时有脓肿或灰黄色坏死灶。母猪流产后子宫黏膜常呈脓性或卡他性炎症，胎衣充血；公猪睾丸和附睾出现化脓性或坏死性炎症，后期病灶钙化。此外，肝脏、肾脏、肺、脾等器官发生脓肿。

116. 如何预防猪布氏杆菌病?

（1）坚持自繁自养，不从疫区引进种猪，引进的种猪要进行隔离观察，确定无病后才能并群饲养。此外应加强日常的消毒工作，一旦发现疫情应立即隔离饲养。因此病属于人兽共患传染病，所以饲养人员一定要做好自身的防护工作。

（2）由于布氏杆菌病是一种慢性感染的疾病，并且以流产和睾丸炎为主要症状，加之布氏杆菌对化学药物的治疗作用并不敏感，因此一旦发现就应予以淘汰。此外，庆大霉素、卡那霉素、氨苄青霉素、链霉素、土霉素、红霉素等对此病有一定的疗效，但收效慢。

（3）加强检疫净化，每年春秋两季对种公母猪进行猪布病的检测，阳性猪必须扑杀。

（4）加强免疫。对猪群检测阳性的猪场，根据免疫程序用猪布氏杆菌2号弱毒活苗（简称S2苗）进行免疫。

117. 猪李氏杆菌病是怎么回事？

猪李氏杆菌病是由单核细胞增多症李氏杆菌引起的一种散发性传染病，已知有7个血清型，猪以Ⅰ型常见。该病多发生于冬季和早春，气候剧变等因素可诱导其发生，以饭店的剩羹冷饭和洗碗泔水为饲料的场（户）尤为常见。该病零星散发，发病率低，但死亡率高，哺乳仔猪感染的年龄越小死亡率越高。病猪的临床表现主要是神经功能障碍，表现运动失常、做转圈运动或呈观星姿势，眼球外突，临床上常易与仔猪水肿病、伪狂犬病、猪瘟等混淆而延误其治疗。

该病由于多呈零星散发，发病率较低，且第一头发病时，病程短、死亡急，有的仅见神经症状，有的甚至不见任何症状即突然死亡。一旦发生时常按常见病如伪狂犬病、水肿病、猪瘟、乙脑等进行治疗，导致误诊而引起仔猪病死率增加。故在临床上要根据发病情况、临床症状、用药情况结合剖检变化和实验室诊断等进行鉴别诊断，做到“早确诊、早治疗”。且采用一头发病全窝用药的措施，以保护健康猪群，提高治愈率，减少仔猪的死亡。

此病发生的主要原因是引进带菌的种母猪。饲养管理不善，环境卫生差，舍内潮湿，缺乏通风换气也是本病发生的诱因。患病和带菌动物是本病的传染源，其粪、尿、乳汁、精液以及眼、鼻孔和生殖道的分泌液都可分离到本菌。传染主要通过粪→口途径发生。污染的土壤、饲料、水和垫料都可成为本菌的传播媒介。缺乏维生素和微量元素、气候剧变、患有内寄生虫病或沙门氏菌病时，均可促进本病的发生。

118. 猪李氏杆菌病主要有哪些临床症状和病理变化？怎样防治？

（1）临床表现：病初体温升高至41℃，并很快降到常温，呈一过性高温。绝食，粪干尿少，眼球外突，似青蛙眼。初期无目的行走或转圈运动，两前肢不能站立，向后趴呈拱地姿势；头颈后仰，呈典型的观星状。病猪对外界刺激敏感，轻触即发出尖叫。死前有阵发性痉挛，口吐白沫并很快死亡。

（2）病理剖检变化：对病死仔猪进行剖检发现，内脏器官无明显病理变化，仅见脑膜充血、水肿，脑脊液增加，稍有浑浊，脑干变软，有小脓灶。有的病猪可见肝脏颜色变浅，表面有灰白色坏死灶，脾脏肿大，表面有出血点，腹股沟淋巴结、肠系膜淋巴结肿大，黏膜、浆膜有轻微出血。个别病猪可见腹水增多，胃底部有出血斑。

（3）防治：该菌对抗生素有选择的敏感性，对青霉素抵抗力较强，但对磺胺类、庆大霉素、链霉素、四环素等敏感。早期大剂量使用磺胺类药物配合庆大霉素、四环素等都有良好效果。采用一头发病全窝用药，对未发病猪用磺胺嘧啶钠配合庆大霉素预防。经2~3天病情得到控制，发病猪症状明显减轻，健康猪没有再发生感染。

119. 猪李氏杆菌病与猪瘟、伪狂犬病、仔猪水肿病如何鉴别？

病名	流行特点	临床症状	病理剖检变化	用药情况
李氏杆菌病	多发于冬季和早春，哺乳仔猪发病时死亡率高，断奶后仔猪大多可以耐过，死亡率低	神经症状主要是前肢运动障碍、不能站立，一过性的体温升高，眼球外突，但眼睑水肿不明显	肠系膜淋巴结肿大呈绳索状，充血、瘀血；小肠充血、瘀血，肠壁黏膜潮红	用抗菌药物治疗效果明显

（续表）

病名	流行特点	临床症状	病理剖检变化	用药情况
猪瘟	一年四季均可发生，哺乳仔猪发病率、死亡率均高	1月龄内的仔猪发生猪瘟时，神经症状主要表现是转圈运动，持续高温	全身淋巴结肿大，周边出血，切面呈大理石样；脑膜出血，脑膜下有淡黄色渗出液；肾脏有针尖样出血点；回盲口处有纽扣状溃疡；脾脏出血、边缘梗死	用退热药和抗菌药物治疗无效
仔猪伪狂犬病	一年四季均可发生	哺乳仔猪感染伪狂犬病时，神经症状主要表现为后肢运动障碍，走路摇摆、站立不稳或不能站立	脑膜充血、出血，脑组织出血水肿，剪开脑膜可见脑回平展发亮，有大量血样渗出物流出	用退热药和抗菌药物治疗无效
仔猪水肿病	一般多发于春秋季，即每年的4～5月和9～10月，常发生于断奶后不久的仔猪，一窝中往往是健状和生长快的最先发病	头和眼睑水肿，尖叫，角弓反张	皮下有大量淡黄色胶冻样渗出。胃壁增厚，胃大弯水肿，切开胃壁可见浆膜和肌层间夹有大量胶冻样物质，结肠袢有大量胶冻样渗出物	抗菌药物治疗有效
乙型脑炎	明显的流行季节是夏秋季，即每年的6～10月，蚊虫是其主要传播媒介，并且哺乳仔猪感染乙脑时病程较长，一般3～4天	猪常突然发病，稽留高热，持续数日或十余天。神经症状表现为摇头，乱冲乱撞，后肢麻痹，最后倒地不起而死亡	脑脊髓液增多，脑膜充血、出血和水肿，脑实质软化，切面可见充血或散在小点出血。肝、肾肿大。肺充血、水肿。心内外膜出血	用药物治疗无效

120. “猪颈部、臀部、腹股沟等部位有肿包或肿块”是怎么回事？

“猪颈部、臀部、腹股沟等部位有肿包或肿块”可能是放线菌病。

猪放线菌病主要由猪放线杆菌、驹放线杆菌等致病性放线杆菌引起的疾病。本病的主要临诊特征为败血症、肺炎、肾炎、关节炎、尿道炎、膀胱炎、输尿管炎等尿道疾病，流产和心内膜炎，患病动物的皮肤、黏膜或其他组织形成明显的肉芽肿或脓肿。

患病猪和带菌猪是该病的主要传染源。猪放线杆菌常存在于各种年龄健康猪的扁桃体、口腔和健康母猪的阴道。另外，猪的上呼吸道、消化道和皮肤，污染的土壤、饲料和饮水也存在该菌。猪放线杆菌属于条件性致病菌，主要通过损伤的黏膜或皮肤感染。大部分6月龄或更大的公猪在包皮的憩室部位存在猪放线杆菌，可能是在几周龄时猪放线杆菌就定植在这个部位。未感染的公猪与感染公猪同舍时也会受到感染。饲养公猪的猪圈地板、饲养人员的鞋常受到本病的污染。猪放线杆菌可在交配时从公猪传给母猪。新生仔猪、哺乳仔猪和断奶猪常出现临床发病，而母猪和成年猪发病少见。

121. 猪放线菌病有哪些临床表现和病理变化?

（1）临床表现：猪放线菌病暴发，可见在一窝或多窝哺乳仔猪发病，2～4周龄仔猪突然死亡。发病猪体温升高，皮肤发绀、有出血性瘀斑。发病猪喘气，有时伴有震颤或呈划水样。肢体远端充血（导致蹄、尾和耳坏死）和关节肿胀。断奶猪可见厌食、发热、持续性咳嗽和呼吸困难、肺炎。成年猪暴发此病，死亡率低，可见体温升高，在皮肤上出现圆形或菱形红斑或肿块，不食，突然死亡。母猪可发生乳房炎、脑膜炎和流产。

（2）病理变化：最明显的病理变化是肺脏、心脏、肝脏、脾脏、皮肤和小肠的出血，最严重的是肺脏，可见肺小叶坏死和血纤维素蛋白渗出，有化脓性病灶。胸腔和心包膜中血浆和血纤维素性渗出物增多。日龄较大的哺乳仔猪和断奶仔猪可见胸膜炎、心包炎，在肺脏、肝脏、皮肤、肠系膜淋巴结和肾脏可见到粟粒状的脓肿。有的猪可见关节炎和心瓣膜炎。在成年猪，皮肤上可见大量圆形、菱形或不规则的病变。若驹放线杆菌感染猪时，病变主要在受害的器官出现扁豆粒至豌豆粒大小的结节样物，小结节可聚集成大结节，最后变成脓肿；结节或脓肿内常含有乳白色或乳黄色的脓液，也可在病变部位出现瘘管或溃烂。

122. 猪放线菌病如何防治?

(1) 治疗：猪群发病后，对病猪进行隔离治疗，可用青霉素或氨苄青霉素+链霉素，或庆大霉素，肌内注射，每天2次，连续治疗20天；或恩诺沙星连续治疗10天。在饲料中添加0.1%土霉素，饮水中添加电解多维、葡萄糖，连用7天，有利于发病猪群病情的控制。对化脓性放线杆菌引起的关节炎和仔猪菌血症，可肌内注射青霉素。如果早期治疗，3~7日即可治愈，已转变成慢性化脓性关节炎和“僵猪”的病例治疗非常困难。对局限性的脓肿可进行外科处理。尾前端的脓肿可施行节除后烧烙止血，断面涂布碘酒。皮下脓肿切开排脓，用消毒液洗净后，涂布碘酒或将含有消毒液的纱布插入创孔，还可同时肌内注射青霉素。较轻病例经1~2周治愈，多发性脓肿和猪体深部，特别是脊椎脓肿等，治疗困难，应根据血清学诊断结果予以淘汰。

(2) 预防：猪放线杆菌是一种条件性致病菌，常存在于健康猪的扁桃体和上呼吸道，因此，对本病的预防应加强猪群的饲养管理，饲喂高营养的全价料，搞好猪舍的卫生消毒，防止皮肤、黏膜受损，局部损伤后及时处理与治疗，在饲料中定期适当添加抗生素药物，对预防本病的发生有较好的效果。

123. 猪衣原体病主要有哪些临床表现和病理变化?

猪衣原体病是一种以高热、咳嗽、孕猪流产为特征的传染病。该病发病急、传染快，哺乳仔猪死亡率极高。不少场户兽医均以猪流感、链球菌病、猪附红细胞体病进行治疗，但无效，有的则怀疑是猪瘟免疫失败而致慢性猪瘟。

猪衣原体病呈地方性流行，病程长达15~20天，相对集中在一定季节（6月上旬）、一个区域。当天气变化多端（时而炎热、时而阵雨）时多发。各品种、年龄段的猪均有发病，新生仔猪死亡率高，怀孕母猪多出现流产、死胎、产弱仔猪，种公猪也有发病，并出现死亡，发病数高达50%以上。

（1）临床表现：病猪发病突然，体温一般升高至40.5～41℃，最高达42℃，呈稽留热，食欲下降，甚至废绝；部分病猪咳嗽，呼吸困难，呈腹式呼吸；鼻腔流鼻涕，病程稍长的流脓性分泌物；眼结膜潮红，流泪，严重者眼睑水肿，眼角分泌物多；粪便干燥，偶带肠黏液；尿黄赤，偶有带血。刚产下仔猪体弱，拉黄痢，脱水，吮乳无力，死亡率高；怀孕母猪除皮肤潮红、体温升高、呼吸快、鼻腔分泌物增加外，主要表现后期流产严重，产死胎、产弱仔；有的仔猪出现神经症状，盲目冲撞、转圈。

（2）病理变化：流产胎儿全身水肿明显，剖检可见血液浓稠，呈深红色；全身淋巴结水肿，切面多汁；肺脏有不同程度的出血点和出血斑，肺呈紫色、水肿，间质增宽；气管、支气管内存有大量分泌物。心包积液呈淡黄红色；肝肿大，呈土黄色，软腐如泥；有的头颈和四肢出血；有神经症状的见脑水肿、充血。

124. 如何防治猪衣原体病？

（1）对尚未发病的猪只按预防量每吨饲料加入四环素500～600克搅拌均匀饲喂，连用2周。或金霉素拌料，每吨饲料中添加400克，连用7天。

（2）对发病较轻有一定食欲猪只，按治疗量每吨饲料加入四环素1 000～1 200克拌匀饲喂，连用2周。为了防止出现耐药性要合理交替用药。

（3）对发病较重、食欲废绝的猪，采用盐酸四环素（或乳酸红霉素）溶解后加5%糖盐水液稀释后，静脉注射，每天2次，连用3天。

（4）对出现临床症状的新生仔猪，可肌内注射30%长效土霉素，每天1次，连用治疗5～7天；对怀孕母猪在产前2～3周，可注射四环素族抗生素，以预防新生仔猪感染本病。

（5）采取兽医综合措施，搞好环境卫生，定期消毒，全进全出，自繁自养，不从疫区引种，隔离制度，消灭场内的鼠类等措施。

（6）加强种猪的净化，阳性猪坚决淘汰。

（7）加强免疫。用猪衣原体灭活苗免疫接种。公猪首次肌内注射 3 毫升，7 天后再注射 1 次；怀孕母猪每间隔 7 天注射 1 次，每次肌内注射 3 毫升；空怀母猪配种前 30 天和 15 天各免疫接种 1 次，每次肌内注射 3 毫升；仔猪于 30 日龄和 45 日龄各免疫接种 1 次，每次肌内注射 2 毫升。

125. 仔猪脓皮病是怎么发生的？

仔猪脓皮病又称“猪渗出性表皮炎”、“油性皮脂漏”、“猪接触传染性脓疮病”及“油猪病”等，是由葡萄球菌引起的哺乳仔猪或早期断乳仔猪的一种急性、致死性浅表脓皮炎。

本病的病原体为表皮（白色）葡萄球菌。表皮葡萄球菌产生的凝固酶，可使血液和血浆中的纤维蛋白凝集于菌体表面，阻碍吞噬细胞的吞噬，即使被吞噬亦不被杀死，从而使感染局限化，易于其在皮肤表面形成毛疮、粉刺、疖、痈和肿胀等。

本病可发生于各种年龄的猪，但主要侵害 5～10 日龄的乳猪，其次为刚断乳的仔猪。大猪虽然也有发生，但数量较少。

本病一年四季均可发生，发病原因有以下几个方面。

（1）一般是在各种诱因的作用下才能发生，如患其他疾病而使机体的抵抗力降低，饲养管理条件不良，环境污染严重，和病猪长时间同圈饲养等。

（2）病原菌可通过多种途径侵入猪体，其中破裂或受损伤皮肤及黏膜为最常见的入侵途径。表皮葡萄球菌在自然界分布极广泛，空气、尘埃、污水及土壤等都有存在，同时也是猪体表面的常在菌。因此，当猪体抵抗力降低时，病原体还可经汗腺、毛囊或受损的部位而侵入皮肤，从而引起毛囊炎、粉刺、疖、痈、蜂窝织炎、渗出性坏死性皮炎和脓肿等。

（3）猪舍潮湿易发，尤其以夏秋季节较为多发。

126. 仔猪脓皮病有哪些表现？如何防治？

（1）仔猪脓皮病临床主要表现如下所述。

① 急性型：多发生于乳猪和断乳不久的仔猪，发病突然。病初，病变多发生于眼周、耳、鼻吻、唇，并扩延到四肢、胸腹下部和肛门周围的无毛或少毛部，出现红斑或角化层的灶状糜烂，继而发生黄色小水泡，并在被毛基部蓄积黄褐色渗出液，靠近毛囊口处发生环绕有充血带的小丘疹，病变通常在1～2天变为全身化。当水泡破裂后，其内的渗出液与皮屑、皮脂及污垢等混合，黏附于体表。此时，病猪全身体表被覆特征性、厚层黄褐色油脂样恶臭渗出物；当这些物质干燥后，则形成微棕色鳞片状结痂，其下面的皮肤呈现新鲜的红斑。渗出物干燥，形成带深裂纹的黑褐色结痂，剥去结痂可露出鲜红色的表面，但被毛尚遗存。患病仔猪食欲减退，饮欲增加，并迅速消瘦，生长发育明显受阻。一般经30～40天可康复。但在机体抵抗力降低或病情加重时，病变常常深侵，累及皮下，则常伴发局部性化脓性淋巴结炎；四肢发生严重的渗出性表皮炎时，常可累及蹄部，此时多在蹄底部发现溃疡。死亡常由于并发脱水、蛋白质和电解质丧失及恶病质所致。

② 亚急性型发病较缓慢，病变常局限于鼻吻、耳、四肢及背部。受损皮肤显著增厚，形成灰褐色、形状不整的红斑和结痂；当病变全身化时，常伴有苔藓样硬化和有明显鳞屑脱落。此型死亡率低，但康复缓慢，生长停滞。另外，本病也发生于架子猪、育成猪或母猪（多见于乳房部），但病变轻微，通常在病猪的耳壳及背部见有污秽不洁的渗出性黑褐色结痂；病情较重、病变发展时，则见痂皮扩大和脱落，形成红斑和溃疡；当继发感染后，常形成脓皮病而使病情加重。

（2）治疗本病的基本方法是：对病损的局部应先进行外科式的处理。通常先用消毒过的刀剪清除损伤表面的异物、渗出的凝结物、坏死的组织或痂皮等，再用0.9%生理盐水或0.1%高锰酸钾等消毒液彻底冲洗创面，尽量清除创面上存有的脓汁和细小的异物等。外科处理之后，再用对细菌敏感的药物进行治疗，一般采用的方法是将这些抗生素制成膏剂进行涂布，如青霉素软膏、红霉素软膏等，也可涂布龙胆紫、庆大霉素。对于局部的皮肤损伤，一般只做外伤性处理即可，但对范围较大或全身性皮肤损伤，在进行局部处置的同时，还应辅以补液、调节酸碱平衡等全身性疗法。

（3）由于葡萄球菌是一种常在菌，广泛存在于自然界和猪体的表面。因此，要彻底根除本病几乎是不可能的，但采取预防措施则能控制或减少本病的发生。为了控制本病的发生，首先要切断主要的传染源，对病猪不但要早发现、早隔离和及时治疗，而且对病猪污染的环境和用具等进行彻底的消毒，同时对与病猪有接触的猪要进行预防性治疗。其次要加强饲养管理，提高猪体的抵抗力，防止常存于环境中的病原菌乘虚而入。特别应注意防止皮肤的外伤，要及时清除带有刺、尖或锋刃的物品，以免猪与之接触而发生损伤；当发现皮肤有损伤时，应及时用碘酒或酒精等消毒液进行处置，防止感染的发生。另外，猪的圈舍及运动场地等也应经常清扫，保持清洁；定期消毒，尽量减少环境中残存的致病菌。

127.“保育猪全身皮肤和黏膜泛黄，后肢出现神经性无力，震颤；有的下颌、头部、颈部和全身水肿；个别出现血红蛋白尿，尿液色如浓茶；同时妊娠母猪流产”是怎么回事？

出现“保育猪全身皮肤和黏膜泛黄，后肢出现神经性无力，震颤；有的下颌、头部、颈部和全身水肿。个别出现血红蛋白尿，尿液色如浓茶；同时妊娠母猪流产”的情况可能是猪钩端螺旋体病。

本病主要通过皮肤、黏膜和消化道而传染，也可通过交配、人工授精和吸血昆虫叮咬而传播。本病发生于各种年龄的猪，但以仔猪发病较多。诊断时应与猪附红细胞体病、新生仔猪溶血性贫血等疾病相区别。

128. 猪钩端螺旋体病主要有哪些临床表现和病理特征?

猪钩端螺旋体病的临床表现可分为急性型、亚急性型和慢性型。

(1) 急性型：多见于仔猪，特别是哺乳仔猪和保育猪，呈暴发或散发流行，潜伏期 1~2 周。表现为突然发病，体温升高至 40~41℃，连续发热 3~5 天，病猪精神沉郁，厌食，腹泻，皮肤干燥，有时见病猪用力在栏栅或墙壁上摩擦至出血。全身皮肤和黏膜黄疸，后肢出现神经性无力，震颤；有的病例出现血红蛋白尿，尿液色如浓茶；粪便呈绿色，有恶臭味，病程长可见血粪。

(2) 亚急性型和慢性型：主要以损害生殖系统为特征。病初体温有不同程度升高，眼结膜潮红、浮肿，有的泛黄，有的下颌、头部、颈部和全身水肿，指压凹陷，俗称“大头瘟”。母猪一般无明显的临诊症状，有时可表现出发热、无乳。但妊娠不足 4~5 周的母猪，受到钩端螺旋体感染后 4~7 天可发生流产，怀孕后期的母猪感染后可产弱仔，仔猪不能站立，不会吸乳，1~2 天死亡。

猪钩端螺旋体病的病理特征如下所述。

(1) 急性型：以败血症、全身性黄疸和各器官、组织广泛性出血以及坏死为主要特征。皮肤、皮下组织、浆膜和可视黏膜、肝脏、肾脏以及膀胱等组织黄染和不同程度的出血。皮肤干燥和坏死。胸腔及心包内有混浊的黄色积液。脾脏肿大、瘀血，有时可见出血性梗死。肝脏肿大，呈土黄色或棕色，质脆，胆囊充盈、瘀血，被膜下可见出血灶。肾脏肿大、瘀血、出血。肺瘀血、水肿，表面有出血点。膀胱积有红色或深黄色尿液。肠及肠系膜充血，肠系膜淋巴结、腹股沟淋巴结、颌下淋巴结肿大呈灰白色。

(2) 亚急性型和慢性型：表现为身体各部位组织水肿，以头颈部、腹部、胸壁、四肢最明显。肾脏、肺脏、肝脏、心外膜出血明显。浆膜腔内常可见有过量的黄色液体与纤维蛋白。肝脏、脾脏、肾脏肿大。成年猪的慢性病例以肾脏病变最明显。

129. 猪钩端螺旋体病如何治疗？怎样预防？

（1）发病猪群应及时隔离和治疗，对污染的环境、用具等应及时消毒。

（2）在猪群中发现有感染者，应全群治疗。

（3）对急性、亚急性猪的治疗，必须对病因治疗的同时辅助对症治疗。感染猪群可用土霉素拌料（每吨饲料可加入1千克），连喂7天，可以预防和控制病情的蔓延。妊娠母猪产前1个月连续用土霉素拌料饲喂3天，可以防止发生流产。

（4）对发病猪用长效土霉素、氨苄青霉素、链霉素、盐酸四环素、磺胺类药物进行治疗，连用5～7天；同时静脉注射维生素C、葡萄糖和强心利尿制剂，可以提高治疗效果。

为减少本病的发生，要采取有效的措施进行预防。

（1）消除带菌和排菌的各种动物，感染带菌猪只与易感猪只隔离饲养，及时发现、淘汰和处理带菌猪，防止传染人群。

（2）消除和清理被污染的水源、饲料、用具等以防止散播。做好猪舍的环境卫生消毒工作，同时做好灭鼠工作。

（3）预防接种，提高猪群免疫力，及时用钩端螺旋体病多价苗（人用的5价或3价苗可选用）进行紧急预防接种。

第三节　寄生虫病

130. “猪皮肤通红，后期皮肤和眼结膜黄白，毛孔有出血点，有的体温升高”是怎么回事？

“猪皮肤通红，后期皮肤和眼结膜黄白，毛孔有出血点，有的体温升高”可能是猪附红细胞体病。

附红细胞体病简称“附红体”病，是由附红细胞体引起的一种人兽共患传染病，其临床特征是呈现急性黄疸性贫血、全身皮肤发红和发热，故又称“红皮病”，常呈地方流行。一旦发生此病，将会迅速波及全群，其临床症状主要表现为拒食、贫血、水肿、心包积液、肝炎、关节炎、体温升高。

131. 猪附红体病发生的原因、特点是什么？如何传播？

（1）猪附红体病是由多种因素引发的疾病，是由猪血红细胞遭破坏引发传染性肝炎、心肌炎、水肿、肺炎、关节炎混合感染，单一的很少见。应激是导致本病暴发的主要因素。通常情况下抵抗力下降、过度拥挤、长途运输、恶劣的天气、饲养管理不良、更换圈舍或饲料及其他疾病感染时可能暴发此病。一般认为附红细胞体病多发生于温暖的夏季，尤其是高温高湿天气，冬季相对较少。

（2）猪附红体病发生的特点是猪附红体病大部分为合并流行，可发生于各日龄猪，但以仔猪和长势好的架子猪死亡率较高，母猪的感染也比较严重；气候突变时易发且流行速度快，以夏季多发，尤其是6月前后；仔猪对此病的易感性最高，病程来势猛，结束慢，一个独立的成年猪舍从发病开始到发病结束，病程为3～11天。

（3）猪附红体传播时，病畜及隐性感染者是重要的传染源。传播途径目前还尚不清楚，传播方式有直接接触传播、血源性传播、垂直传播及媒介昆虫传播等。在所有的传播途径中，吸血昆虫（主要是蚊子）的传播是最重要的。

132. 猪附红体病主要有哪些临床表现和病理变化？

（1）临床表现：发病前猪的临床症状不明显，只出现少食或不食现象，体温升高，粪便无异常，持续半天至2天发病，发病猪陆续拒食、皮肤出现红色和白色、发生关节炎等症状。感染后多呈隐性经过，少数情况下受应激因素影响，出现临床症状。主要是厌食、嗜睡、体温升高、贫血、黄疸、腰背及四肢末梢瘀血，淋巴结肿大等，还可出现心悸、呼吸加快、腹泻、生殖障碍、毛质下降等。

（2）病理变化：全身脂肪和脏器官显著黄染，弥漫性血管炎，肝、胆、脾、淋巴结肿大，肝有脂肪性变性，胆汁浓稠，肝有实质性炎性变化和坏死；脾被膜有结节、结构模糊；肺、心、肾等有不同程度的炎性变化；心包及胸膜腔积液，血液稀薄似水样。

133. 如何防治猪附红体病？

猪附红细胞体病的治疗方法如下。

（1）可用黄色素、丫啶黄、血虫净、长锋九号、附红 A、附红灭、附红优、长效土霉素等。肌内注射，每天 1～2 次，连用5～7 天。

（2）可用土霉素粉每吨饲料添加 1 千克，每天一次，连用 7 天。或氟苯尼考按治疗量拌料，连用 7 天。

（3）螺旋霉素、卡巴霉素对衣原体也有较好的疗效。

（4）每吨饲料中添加 150～180 克阿散酸，连用 7 天。

（5）清瘟败毒散也有一定的防治作用，应定期使用。

预防措施主要有以下几项。

（1）加强饲养管理，定期消毒，减少应激因素（闷热、拥挤等）的刺激，保持良好的舍饲环境。夏秋季节注意消灭蚊蝇等害虫，并定期驱虫。

（2）药物预防：使用抗原虫类药物、砷制剂等进行预防，如阿散酸等。

（3）被动免疫：无菌采集耐过动物的血液，分离血清加 2 000～3 000单位/毫升的长效土霉素，肌内注射可预防发病。

（4）坚持自繁自养，在引进外地种猪时进行严格检查，并隔离观察一个月。

（5）治疗疾病时需要保证每头猪一个针头。打耳号、断尾、阉割等外科手术时注意对所用器械的消毒。

134. 猪球虫病发生有哪些原因和特点？

猪球虫病是由艾美尔球虫或等孢球虫寄生于哺乳期及刚断奶猪肠上皮细胞内的原虫病，是一种能高度传染的寄生虫病。

（1）猪球虫病发生原因主要是由于猪只接触分娩舍地板、器具上残留的球虫卵囊而感染，母猪粪便中卵囊也可能引起仔猪发病。因营养吸收不良、腹泻或者继发性感染导致死亡。新生仔猪球虫病的病原大部分是猪等孢球虫。

（2）猪球虫病发生的特点。

① 球虫病传染性极高，并且明显破坏仔猪肠道健康，诱发其他疾病。球虫病是哺乳仔猪腹泻最为常见的原因。球虫病严重威胁仔猪健康，导致仔猪断奶体重减少，营养吸收不良。若继发感染可使死亡率大大增加。

② 猪球虫病一年四季均可发生。

③ 球虫普遍存在，即使在最清洁的猪场，球虫病也无法清除。球虫病主要通过粪便传播，感染球虫病的母猪产下的仔猪会在出生第一天也被感染上。

④ 猪球虫病主要发生于小猪，且多发于 7 ~ 15 日龄的乳猪，但是断奶仔猪也会发生，成年猪和种猪为隐性感染，成为带虫者。

⑤ 患病仔猪以严重腹泻、脱水和迅速死亡为主要特征。发病后最常见的临床症状为糊状或水样腹泻（常被喻为蛋黄酱），但也可能没有任何症状。所以很容易忽略，但这会导致猪的肠道严重受损，并引发其他方面的问题，给养猪场户带来严重的经济损失。

135. 猪球虫病有哪些主要临床表现？

发病初期仅发现少数仔猪腹泻，排黄色、黄白色或棕褐色粪便，以黄色粪便为主，个别患猪粪便中混有黏液和血液，呈奶油状、粥样或水样，身上粘满液状粪便。随着病程的发展，有的病猪出现大便失禁，频频排出带血的稀粪，有恶臭味并污染猪体的后躯，肛门周边红肿，并有努责现象。生长速度下降，同窝仔猪生长发育不均匀。腹泻一般可持续3～8天，发病率50%～70%。部分仔猪能自行康复，成为带虫者，可持续排出球虫卵囊，成为传播本病的传染源。下痢特别严重时，仔猪就会出现脱水，甚至引起死亡。仔猪感染球虫病后，同时有其他病原体（如肠毒素性大肠杆菌等）感染，可能使其临床症状更加突出。

136. 如何治疗和预防猪球虫病？

（1）治疗：在治疗猪球虫病时，发现病猪应尽早隔离治疗，把药物加入饮水中或将药物混于铁剂中效果较好；个别给药是治疗该病最佳方法。治疗用药可以根据具体条件选择下面的处方，均有较好的治疗效果。

① 磺胺类：磺胺二甲基嘧啶、磺胺间甲氧嘧啶、磺胺间二甲氧嘧啶、磺胺六甲氧嘧啶等，注射或拌料，连用7～10天。

② 抗硫胺素类：氨丙啉、复方氨丙啉、强效氨丙啉、特强氨丙啉等，每千克体重20毫克，口服。

③ 杀球灵、百球清等，3～6周龄的仔猪口服，每千克体重20～30毫克。球痢-100饮水，连用7天。

④ 莫能霉素，每吨饲料加60～100克。

⑤ 氯苯胍，每千克体重20毫克，灌服，每天1次，连服3天。或添加于饲料中，连用7天。

（2）预防：做好饲养管理工作，搞好环境卫生，这是减少新生仔猪球虫病损失的最好方法。

① 平时要将产房彻底清除干净，产房内保持清洁、卫生、干燥。经常清除粪便，加强空舍消毒，必要时可以进行熏蒸。

② 产房减少人员流动。在产房入口处放置消毒液，进入产房的人员一定要穿经消毒液浸泡的工作鞋后再进入，要尽量减少人员进入产房，以免由鞋子或衣服携带卵囊在产房中传播。

③ 要防止宠物（猫狗等）进入产房，以免其爪子携带卵囊在产房中传播。

④ 对产房内的母猪加强护理，泌乳母猪的乳汁充足，仔猪健

壮，可提高抗病能力。

137. 猪球虫病与仔猪黄白痢如何区别?

球虫病俗称“10 日龄腹泻”，与黄白痢在粪便外形和气味上就有区别。

病名	病原	发病日龄	粪便气味和颜色	其他症状
猪球虫病	艾美尔球虫或等孢球虫	7～15 日龄	发病初期粪便较软或呈糊状，黄色、灰色到褐色不等，随着病情加重，粪便呈液体状态，有很浓的酸奶味	
仔猪黄痢	致病性大肠杆菌	1～3 日龄	突然腹泻、拉黄色水样或糊状有腥味及气泡的稀粪	严重时肛门失禁，稀粪不断流出，很快脱水，衰竭死亡
仔猪白痢	致病性大肠杆菌	2～3 周龄	拉白灰色或乳白色糊状稀粪、有腥臭气味	体温一般正常。病初体温有短时升高，精神、食欲良好，随后减食、精神变差、贫血消瘦、寒颤怕冷。如不及时治疗，部分病猪会因衰竭而死亡或形成“僵猪”
仔猪水肿病	溶血性大肠杆菌	断奶后 1～2 周的健壮仔猪	仔猪体温升高出现便秘，也有拉稀	多为急性、亚急性发生，病程 1～5 天，极少数为慢性病，体温升高至 40.5～41℃，眼睑、面部、颈部、腹下发生水肿，皮肤发红，结膜充血，四肢麻痹，转圈，行走不稳，食欲废绝，呼吸困难，嘶哑尖叫等症状，最后四肢划动、抽搐死亡

138. 如何治疗和预防猪疥癣病？

猪疥癣又称“猪癞子”，由疥螨寄生引起。对仔猪为害严重，常成为僵猪。寒冷季节发生较多。目前，随着饲养环境的改善，此病发病率明显降低，但偶有发生，主要是母猪隐性感染的多。疥螨多寄生于猪的耳、眼、背、臀部及体侧皮肤深层，导致皮肤发炎发痒，到处不断蹭痒或摩擦。常见落屑、脱毛。皮肤呈污灰白色，干枯，增厚，粗糙有皱纹，失去弹性，有痂皮，常擦痒不止。病猪生长停滞，精神萎靡，日益消瘦，重者可引起死亡。

目前治疗猪疥螨病的方法很多，主要是用药物喷洒猪体皮肤，注意要在晴天时进行。

（1）精制敌百虫配成2%的水溶液，涂擦患部或喷洒猪体，5天后再治疗1次。

（2）除癞灵喷洒猪体，7天后再重复1次。

（3）伊维菌素或阿维菌素0.3毫升/千克体重，一次皮下注射，隔7~10天后重复1次，同时可驱除猪体内的各种线虫。

（4）0.5%螨净（嘧啶基硫代磷酸盐）乳剂涂擦患部，7~10天后再重复1次。

（5）烟叶或烟梗1份，加水20份，浸泡24小时，再煮1小时后涂擦患部，7~10天后再重复1次。

预防本病主要是平时保持猪舍清洁卫生、干燥、通风。猪舍墙壁、地面经常用20%的生石灰水和4%的敌百虫消毒涂刷，或用5%热火碱水消毒圈舍。每3个月用2%敌百虫或除癞灵喷雾猪群，除去疥螨；发现病猪要及时隔离治疗。引进猪时应隔离观察，防止引进螨病病猪。定期用伊维菌素或芬苯达唑等药物，驱除体内寄生虫（一般50日龄一次，隔一个月再1次，以后每3个月1次）。无论使用任何制剂，切记疥癣治疗应全部猪只用药而非某部分猪群。单独治疗严重疥癣患猪而忽略其他猪会导致疥癣反复出现。为有效控制猪疥癣，必须做到：① 治疗母猪群后才将它们移入分娩舍；② 治疗所有断乳仔猪；③ 治疗新引进猪只；④ 公猪群一年两次治疗。

139. 猪湿疹与猪疥癣病如何分辨?

在养猪生产中，由于管理不善，往往会引起大批猪皮肤病的发生。湿疹和疥癣病是猪最常见的两种皮肤病，这两种皮肤病很相像，养猪者常常分辨不清。可从病因、症状、防治方法上进行准确分辨。

病名	病因	症状	防治方法
猪湿疹	猪湿疹是由于猪舍不卫生，阴暗潮湿，通风条件差等不良因素引起的一种过敏性皮肤病	在猪的腹下和大腿内侧部位皮肤上出现黄豆大小的扁平丘疹，有的丘疹发展成水泡，感染后形成脓包，最后溃疡，而后结痂痊愈，病猪也有痒感，但无传染性，以潮湿和较为寒冷的季节多发生	在防治猪湿疹时，除要消除不良的环境因素外，常用的是脱敏药和对症治疗。常采用三种方法治疗，效果明显：①用苯海拉明0.05克加注射用水一次肌内注射；②用异丙嗪0.1克加注射用水肌内注射；③2%～3%白矾水患部进行清洗
猪疥癣病	猪疥癣病是一种叫疥螨的寄生虫寄生在猪的皮肤上产生的一种具有传染性的皮肤寄生虫病	发病一般可自头部、眼周围，逐渐向耳部、颊部、腹部、四肢蔓延，主要是背部和腹侧皮肤，不是丘疹而是由于寄生虫的侵害，使受害部位皮肤增厚、脱毛、脱屑、剧痒，而后皮肤才形成痂皮。一群猪一旦有一头发病，在较短时间内就会全群感染。发病季节多在较为温暖的春秋季节	猪疥癣病必须采用杀疥螨的药物才能治愈，可用2%的敌百虫或除癞灵溶液涂擦或喷洒猪体皮肤；可按猪每10千克体重皮下注射0.3毫升伊维菌素或阿维菌素等方法，都能起到很好的疗效

140. 猪弓形体病的流行特点、临床表现和病理变化有哪些?

弓形体病为人兽共患寄生虫病，终末宿主是猫，中间宿主是人和其他动物。

（1）流行特点。不同品种、年龄、性别均可发生，但以肥猪多发，本病发生无明显季节性，但以 7～9 月高温、闷热、潮湿的暑天多发。猪多为隐性感染，应激可引发本病。动物感染后可产生免疫力，但当免疫系统受损时，体内呈休眠状态的虫体活化，迅速繁殖、出现播散性感染，甚至死亡，大多数健康宿主对弓形虫的免疫均为带虫免疫，获得性免疫在初次感染 2～3 周后才有效。猪弓形体病可通过以下途径感染：① 通过胎盘、子宫、产道、初乳感染。② 通过采食被弓形虫包囊、卵囊污染的饲料、饮水或捕食患弓形体病的鼠、雀等感染。③ 通过猪呼吸道和皮肤伤口感染。

（2）临床表现。急性：体温上升到 40.5～42℃，稽留 7～10 天。食欲减退或废绝，粪干带黏液（仔猪多见水样腹泻），有的便秘与腹泻交替进行。呼吸困难、浅而快，严重时呈犬坐式呼吸，流鼻液，有时咳嗽。有的猪发生呕吐。腹股沟淋巴结肿大，后期在耳翼、鼻端、后肢、股内侧及腹部出现紫红斑和小出血点，最后卧地不起，呼吸极度困难，体温下降而死亡，有的猪死时口流泡沫样液体。怀孕母猪主要表现为高热、废食、昏睡数天后流产、产出死胎或弱仔。慢性：仅有体温升高、呼吸困难等症状。有的病猪耐过后症状减轻，遗留咳嗽，呼吸困难，后躯麻痹、运动障碍、斜颈、痉挛等神经症状，有的呈现视网膜、脉络膜炎，甚至失明。

（3）病理变化。肺膨隆，表面有粟粒大出血点，膈叶、心叶呈不同程度间质水肿，表现间质增宽，内充有半透明胶冻样物质，切开后有大量液体流出，并带有气泡。气管、支气管内也充有带气泡的液体，肺实质中有小米粒大的白色坏死灶或出血点；淋巴结明显肿大呈紫红色，并见有大小不等的出血点及坏死点，切面多汁。淋巴结周围组织水肿（肺门、肝门、胃门及颌下淋巴结肿大 2～3 倍）。肝肿胀，有粟粒大、绿豆大灰白色坏死灶，并见有出血点；胆囊肿大，黏膜出血或坏死；脾肿大或萎缩，有坏死灶；肾表面有少量小出血点和针尖大、粟粒大灰白色坏死灶，坏死灶周围有红色炎性反应带；胃底部黏膜出血，有片状及条状溃疡；肠黏膜增厚、潮红，有溃疡，黏膜呈点状或斑点状出血，内容物为红黑色，有时形成假膜；脑膜充血；胸腹腔积水为黄色透明液体。要注意有少量病例不典型，中枢神经症状明显。

141. 如何防治猪弓形体病？

治疗应“用药早，疗程足”，原因是磺胺药对弓形虫病后期病猪体内弓形虫的包囊型虫体无效。重症病猪应对症治疗（如退热、输液并用抗生素防止继发感染），病情控制后应继续治疗 1～2 天。常用以下药物进行治疗。

（1）磺胺六甲氧嘧啶，每千克体重 0.03～0.07 克，每天 1 次，肌内注射，连用 3～5 天。

（2）磺胺五甲氧嘧啶，每千克体重 0.03～0.07 克，每天 2 次，肌内注射，连用 3～5 天。

（3）复合磺胺嘧啶钠，每千克体重 0.015～0.02 克，每天 2 次，肌内注射，连用 3～5 天。

（4）强化长效抗菌增效剂，每千克体重 0.05～1 毫升，3 天注射一次。

预防措施主要采取以下方法。

① 定期监测、计划淘汰。② 病愈猪不能留种用。③ 猪舍保洁，定期消毒（聚维酮碘、3%～5%烧碱、20%石灰水等）。④ 场内禁养猫、禽等，猪场要灭鼠。⑤ 粪便发酵。⑥ 减少应激。⑦ 药物预防可用磺胺六甲氧嘧啶散（务必首次量加倍）等添加在饲料中，同时饲料中添加 2%～4%小苏打，连用 5 天。

第四节　普通病

142. 哪些情况会引起猪低温症？有哪些临床表现？

猪低温症在早春、晚秋和冬季容易流行。猪染病后，体温降为 35℃以下，病初大便失禁，声音嘶哑，像喝醉酒一样，大便较干，后期则行走无力，左右摇摆，不吃食，最后卧倒不起而死亡。造成猪低温症的原因主要有以下几个方面。

（1）饲养管理不当以及气候环境等因素。如饲料蛋白含量过低或饲料搭配不当、猪舍地面长期潮湿、气温突变等原因使猪难以适应导致体温下降。

（2）外伤造成大出血导致机体供血不足造成低温。

（3）退烧药使用不当（一般为过量），药物刺激了温感神经，使温感神经受到抑制从而导致机体能量代谢紊乱，出现低温症状。如安乃近、扑热息痛、安痛定等都会造成低温。

（4）营养代谢失衡，造成能量代谢紊乱，体内的酶无法正常运转，无法维持正常的体能从而导致低温。

（5）内毒素作用。猪肠胃运动减弱，无法将内毒素完全排出导致低温。

（6）中毒因素。如农药中毒、饲料中毒等。农药中含有汞、砷、有机磷、有机氯等成分，一旦误食会造成中毒；预混料、玉米、豆粕等发生霉变后，猪只食入也会造成中毒。中毒严重时有明显的症状，如口吐白沫，角弓反张等，但是大部分没有明显中毒症状，仅表现为体温下降，食欲减退。

（7）病原体感染。由于病原体进入机体后没有得到有效的控制，进入血液形成菌血症或毒血症，一般表现为前期体温升高，后期体温下降。

猪低温症的临床表现：精神沉郁，体温下降，食欲减退甚至废绝，喜卧，嗜睡，运动减少，结膜粉白或苍白。病后体温逐渐下降到37℃，表现为无力；下降到36℃时表现为嗜睡或昏睡，反应迟钝，全身无血色。在临死前出现肛门松弛，脱肛等症状。

143. 平时如何防治猪低温症的发生呢？

治疗本病可采用以下方法。

（1）热敷法：此法是治疗本病最简单、最经济有效的方法。这样连续热敷多次，直到猪的体温回升到正常体温。为了防止反弹，巩固正常体温，可给病猪盖上被褥或将其放到温暖的猪舍，保持3~5天，使猪的体温恢复正常为止。其方法是：用麦麸、稻糠、谷糠等每50千克加水4千克，上锅炒至50℃，然后把病猪放在圈内的木板上（圈要保温），将热糠铺围在猪身下和周围，另取一部分热糠装在麻袋里盖在猪身上，只露出头部。

（2）治疗以补充体液和能量，加强体液循环，增强抵抗力为原则。常用的有西药疗法、中药疗法和肾上腺素加红糖疗法。

① 西药疗法：肌内注射樟脑磺酸钠；5%葡萄糖500毫升，盐水500毫升，10%的安钠咖10~20毫升，三磷酸腺苷（ATP）120毫克，肌苷300~600毫克，复合维生素B 60~80毫克，维生素C 0.5克，一次静注（注射液加热至37.5℃效果更好）。新生仔猪可适当肌注5%右旋糖酐铁，1天1次，连用2天。

② 中药疗法：党参、黄芪、肉桂、熟附子各25克，干姜、草果、连翘、炙甘草各15克，混合后研成细末，用开水冲后加适量红糖，候温后灌服，每天1剂，连服3剂。

③ 肾上腺素加红糖疗法：取0.1%的盐酸肾上腺素注射液8~10毫升，给病猪一次皮下注射，每天1~2次，连续2~3天。随后取红糖或白糖100~150克，加适量开水溶解，候温，一次灌服或让其自饮，每天2~3次，连续3~4天。

预防本病可采取以下措施。

（1）加强饲养管理，冬季做好保温工作，还可适当升高猪舍温度。饲喂高蛋白、高能量饲料，供给足够的营养，提高机体免疫力。

（2）做好其他疾病的预防工作，一旦发病要“早诊断，早治疗”。

144. 引起猪消化不良的因素有哪些？其主要临床表现是什么？

由于猪消化系统器官机能受到扰乱或某些障碍，使猪的胃肠消化、吸收机能减退，食欲减少，统称“消化不良”。猪的消化不良多发生于仔猪，其他猪也有发生，但较少见。

引起仔猪消化不良的因素有以下几个方面。

（1）对怀孕母猪饲养不好，饲料中缺乏蛋白质、维生素和某些矿物质，因而使胎儿在母体内正常发育受到影响，出生后体质衰弱，抵抗力低下，极易消化不良。

（2）对初生仔猪管理不当，吃初乳过晚，猪舍寒冷潮湿，卫生条件差也是造成仔猪消化不良的重要因素。

（3）突然改变饲料，或是冬天饲喂冰冻的饲料，长途运输，过度疲劳，感冒或其他寄生虫病，也是引起猪消化不良的重要原因。

消化不良的猪临床主要表现：不爱吃食，生长迟缓，精神不振，喜饮水；有时表现腹痛，呕吐，体温一般正常。仔猪的粪便随日龄的不同颜色有所变化。

（1）10日龄以内的仔猪为黄色黏性的稀粪，少数开始就呈黄色水样稀粪。如能较快痊愈，不久即可转为黄色条状粪便；如病期延长，可能转为灰黄色黏性粪便。

（2）10～30日龄的仔猪发生消化不良时，多数开始时就呈灰色黏性或水样粪便，以后可能转为灰色或灰黄色条状，最后为球状而痊愈。

（3）其他日龄的病猪，一般粪便干硬，有时拉稀，粪内混有未消化的饲料。

145. 如何防治猪消化不良？

猪发生消化不良时，对病猪少喂或停喂1～2天，改喂容易消化的饲料。药物治疗以清肠制酵，调整胃肠功能为主。要预防本病的发生，首先要加强对怀孕母猪和初生仔猪的饲养管理，多喂给富含蛋白质和维生素的饲料。出生仔猪要加强护理，及早吃上母乳。猪舍要做到清洁卫生，保暖通风。其他猪要做到定期驱虫和健胃。

（1）清肠制酵：常用硫酸钠（镁）或人工盐30～80克或植物油100毫升，鱼石脂2～5克或来苏儿2～4毫升，加水适量，一次内服。

（2）调整胃肠功能：一般在清肠后进行，如胃肠内容物腐败发酵不重，粪便不恶臭时，也可直接进行。应用各种健胃剂，如酵母片或大黄苏打片2~10片，混于少量饲料内喂给，每日2次；或大黄末8克，龙胆末8克，碳酸氢钠（小苏打）16克，分为4包，每日2次，每次1包。或用紫皮蒜10~20克，捣碎后加水适量，混于少量饲料中喂给。仔猪可用乳酶生、胃蛋白酶各2~5克，稀盐酸2毫升，常水200毫升，混合后分2次内服。病猪较多时，可取人工盐3.5千克，混合成散剂，按每头每次5~15克，拌饲料中给予，便秘时加倍，小猪酌减。

（3）消炎止泻：病猪久泻不止或剧泻、剧呕时，必须消炎止泻、止吐，应口服抗生素或磺胺类药物，如庆大霉素、氨苄青霉素、烟酸诺氟沙星等，每日1~2次。对于脱水的患猪，应及时静脉补给5%葡萄糖液、复方氯化钠液或生理盐水等，以维持体液平衡。

146.“出生1~3天仔猪，出现抽搐、昏迷、卧地不起、体温降低”是怎么回事？其原因有哪些？

“出生1~3天仔猪，出现抽搐、昏迷、卧地不起、体温降低”可能是低血糖造成的。

新生仔猪低血糖常发于1周龄仔猪，1~3日龄多发，1周龄以上猪很少发病，临床以神经症状为主。仔猪低血糖一年四季都可发生，常发于冬春季，夏季比较少见，病死率较高，可达到50%~100%。

由于仔猪出生后1周内，其代谢机能发育不健全，尤其是糖代谢调节机能欠缺，直接导致其体内糖原异生能力较差，再加上肝糖原存储较少，体内血糖消耗主要是借助母乳和胚胎期体内存储肝糖原的分解。一旦出生后的仔猪吮乳不足，体内糖原很可能在短时间内就被消耗殆尽，进而导致低血糖的发生。仔猪出现低血糖症状后，其脑组织将严重受损，出现一系列的抽搐、昏迷症状。同时，由于血糖供应不及时，三磷腺苷（ATP）生成较少，四肢活动无力，临床也可见卧地不起症状。此外，由于体内血糖减少、产热减少，病患猪还常伴随体温降低的症状。

造成仔猪低血糖的根本原因是仔猪哺乳不足。

（1）母猪无乳或少乳，这是导致仔猪哺乳不足的最直接原因。导致此问题出现的原因是母猪感染某种疾病、怀孕期母猪营养补给不及时等。

（2）母乳本身的问题。饲喂饲料质量差可导致母乳质量低劣、乳汁中含糖量降低，进而引发低血糖。此外，如果初乳过浓，乳汁中乳脂肪、乳蛋白含量过高，可直接妨碍肠胃的消化吸收功能，进而导致低血糖。

（3）仔猪无法吸乳。仔猪如果患有大肠杆菌病、链球菌病、传染性胃肠炎、先天性糖原不足、同种免疫溶血性贫血、先天性肌震颤、消化不良以及营养不良等疾病，可引起仔猪哺乳减少和消化吸收障碍，或仔猪先天性衰弱、生存力较差而造成吮乳不足，从而引起低血糖症。另外，母猪乳头不足、不愿让仔猪哺乳等，也可导致低血糖症出现。

（4）饲养环境温度低、气候异常严寒等也是诱发此病的直接因素。

147. 仔猪低血糖有哪些表现？出现低血糖究竟怎么办？

仔猪低血糖临床最初表现为精神不振，四肢软弱无力，肌肉震颤，步态不稳，摇摇晃晃，不愿吮乳，离群伏卧呈嗜睡状。排水样便，尿为淡黄色米汤样。皮肤发冷苍白，体温低下。后期卧地不起，多出现神经症状，表现为痉挛或惊厥，空嚼，流涎，肌肉颤抖，眼球震颤，角弓反张或四肢呈游泳样划动。感觉迟钝或完全丧失，脉搏缓慢，体温多降至常温以下，皮肤厥冷。最终陷于昏迷状态，衰竭死亡。一般病程不超过36小时。

患低血糖仔猪死亡后，病理剖检可见颈下、胸腹等处不同程度的水肿，切开后可见透明无色的组织液；血液凝固；胃内充满气体，可见数量不等的凝乳块；肝脏变为黄色或橘黄色，质地变脆、边缘尖锐，触及像嫩豆腐，一碰即破。胆囊肿大，其内充满黄色胆汁。肾脏土黄色变化，有的在表面有红色出血点，肾盂和输尿管有白色沉淀物。

仔猪出现低血糖一定要采用有效的措施。

（1）仔猪低血糖要早发现、早治疗。发现低血糖立即用5% ~ 10%葡萄糖15 ~ 20毫升，皮下或腹腔分点注射，间隔4 ~ 6小时再注射1次，直到仔猪贫血症状缓解、能够自行吮吸母乳为止。也可灌服20%葡萄糖10 ~ 20毫升，间隔2 ~ 3小时灌服1次，连续治疗2 ~ 3天，疗效较好。治疗期间一定要彻底消除病因，改善饲养条件，将染病仔猪转移到温暖的猪舍，积极配合临床治疗。对于出现因母乳补给不足而导致染病情况的，建议给予人工哺乳。

（2）在仔猪出生后1周，就应该做好该病的防治准备。对于出生仔猪，要做好防寒保温措施，舍内温度控制在25 ~ 30℃。此时，母乳在疾病防治中占据重要作用，必须要保证仔猪及时补充母乳，做到定时、定量，避免仔猪挨饿。为提高母乳的质量，要加强对妊娠母猪的饲养管理，提供全价饲料，以保证母乳的营养、优质。此外，在选择种猪时，必须要以泌乳量高的母猪为种猪优选标准。如果母猪产仔过多，可考虑将部分仔猪寄养给产仔少的母猪。

148. “新生仔猪出生时正常，吃了初乳后立即呈急性贫血而死亡；有的仔猪在吃初乳后24 ~ 48小时出现症状，表现为精神委顿，畏寒震颤，后躯摇晃，尖叫，皮肤苍白，结膜黄染，尿色透明呈棕红色；同窝其他仔猪不吃同一母猪的乳汁就正常”，这是怎么回事？

仔猪出生吃母乳后，出现上述情况，可能是新生仔猪溶血症。

新生仔猪溶血病是由新生仔猪吃初乳而引起红细胞溶解的一种急性、溶血性疾病。仔猪以贫血、黄疸和血红蛋白尿为特征，发生率非常低，但致死率可达100%。本病是母猪血清和初乳中存在抗仔猪红细胞抗原的特异血型抗体所致的新生仔猪急性血管内溶血，属Ⅱ型超敏反应性免疫病。致病原因是仔猪父母血型不合，仔猪继承的是父系的红细胞抗原，这种抗原在妊娠期间进入母体血液循环，母猪便产生了抗仔猪红细胞的特异性同种血型抗体。这种抗体分子不能通过胎盘，但可分泌于初乳中，仔猪吸吮了含有高浓度抗体的初乳，抗体经胃肠吸收后与红细胞表面特异性抗原结合，激活补体，引起急性血管内溶血。

149. 新生仔猪溶血症临床表现是什么？出现新生仔猪溶血症怎么办？

临床表现主要有3种类型，即最急性型、急性型、亚临床型。

（1）最急性型：吸吮初乳后12小时内突然发病，停止吃奶，精神委顿，喂寒，震颤，急性贫血，很快陷入休克而死亡。

（2）急性型：吸吮初乳后24小时内显现黄疸，眼结膜、口腔黏膜和皮肤黄染，血凝不良，48小时有明显的全身症状，多数在生后3天内死亡。

（3）亚临床型：吸吮初乳后，临床症状不明显，有贫血表现，血液稀薄，不宜凝固。尿检呈隐血强阳性，表现有血红蛋白尿，血检才能发现溶血。

出现新生仔猪溶血症必须采取有效措施。

（1）全窝仔猪立即停止吸吮原母猪的奶，由其他母猪代哺乳或人工哺乳，同时内服多种维生素，可使病情减轻，逐渐痊愈。

（2）重病仔猪可选用抗生素同时配合地塞米松、氢化可的松等皮质类固醇类药物治疗，以抑制免疫反应和抗休克。

（3）为增强造血功能，可选用维生素 B_{12}、铁制剂等治疗，可缓慢静推止血敏进行止血。

（4）对所产仔猪曾发生过溶血病的母猪，于产后、仔猪吃奶前进行母猪初乳抗仔猪红细胞的凝集试验，凡阳性者，禁止仔猪吃初乳，将该母猪所生的仔猪由其他母猪代哺或人工哺乳。同时要人工按时挤掉母猪奶，3 天后再让仔猪吸吮母乳。发生仔猪溶血病的母猪，下次配种改换其他公猪，可防止再次发病。配种发生仔猪溶血病的公猪，不再作种用。

（5）中草药治疗：对于既往有过溶血症的母猪，产前 7 天服用“活血化瘀散”（益母草 50 克、白芍 18 克、木香 10 克、当归 15 克、川芎 15 克，共磨研为细末），每次 15 克，每日 1 次，至生产为止。仔猪出生后即服用“茵陈蒿汤”（茵陈 9 克、茯苓 6 克、栀子 6 克、黄柏 3 克、郁金 3 克、泽泻 3 克、白术 3 克、甘草 3 克，大枣 3 枚，煎成 500 毫升），每日 2 次，连续 3 日，同时每只仔猪服用强的松 1 毫克，每日 1 次。

150. “在夏天闷热的时候，个别母猪突然倒地、四肢抽搐、体表发红、口流白沫、流涎呕吐，同时体温升高”这是怎么回事？

在炎热或闷热的夏天，猪出现这种情况可能是中暑了。盛夏炎热，环境高热多湿，极易导致猪机体内外热量交换失去平衡，散热机制发生障碍，使机体内蓄热过多，从而对细胞产生毒性作用，引起器官功能障碍而中暑。若不给予迅速有力的治疗，可引起抽搐和死亡，永久性脑损害或肾脏衰竭。因此，做好防暑和中暑的防治工作是确保生猪安全度夏，提高夏季养猪经济效益的重要环节。治疗中暑猪，应该先帮助机体进行散热、降温，再依据中暑所引起的中枢神经系统、呼吸系统、心血管系统等病变，进行相应的对症治疗。

猪中暑时主要表现为精神沉郁，运动失调，站立不稳，行走摇晃，呼吸急促，心跳加快；体温升高，触摸皮肤烫手，全身出汗；口流白沫，步行不稳，流涎呕吐；眼结膜发红或发绀，瞳孔初散大后缩小，眼神狰狞；严重的四肢、腹部、颈部肌肉及全身震颤，四肢做游泳状划动；重症者兴奋不安，全身颤抖，痉挛，严重的昏迷，虚脱死亡。小猪中暑表现神经症状。

151. 如果猪中暑了应如何解救?

发现猪中暑应该迅速将患猪转移到阴凉通风处，用凉水浇或用冷湿毛巾敷头部，冷敷心区，也可以用凉水喷洒全身或进行冷水浴，使体温降至 38.5 ~ 39℃。降低体温是紧急处理的主要措施，体温降下了其他症状得以缓解，接下来进行相应的对症治疗。治疗中暑猪可采取以下几个方法。

（1）静脉放血。猪只体表发热，耳部充血，可剪耳尖、尾尖放血 100 ~ 200 毫升，同时每头猪用十滴水 5 ~ 10 毫升对水内服，或静脉注射复方氯化钠注射液 200 ~ 500 毫升。

（2）刺激疗法。对昏迷的患猪可用适量生姜汁、大蒜汁或少许氨水放置鼻前，任其自由吸入以刺激鼻腔，引起打喷嚏，使其苏醒。同时皮下注射尼可刹米（中枢兴奋药）注射液 2 ~ 4 毫升。

（3）灌肠疗法。对脱水患畜，用生理盐水或 0.5% 凉盐水反复灌肠。也可腹腔注射 500 ~ 1 000 毫升葡萄糖盐水。这样既可补充体液，又可有效降低体内温度。

（4）药物治疗。中暑严重兴奋狂躁不安的猪，皮下或肌内注射苯甲酸钠咖啡因 0.5 ~ 2 克/头，或 20% 樟脑水 10 毫升。过度兴奋时，肌内注射 2.5% 氯丙嗪 3 ~ 5 毫升，或安定注射液 6 ~ 10 毫升。严重失水时，灌服生理盐水或静脉注射 5% 葡萄糖生理盐水 200 ~ 500 毫升。10% 安钠咖 10 ~ 20 毫升（每 50 千克体重猪），肌内注射。

（5）可用西瓜皮 4 ~ 5 千克，捣烂 1 次灌服；用六月霜、车前草各 100 克，香薷、藿香各 25 克，水煎服；用鱼腥草、野菊花、淡竹叶各 100 克，橘子皮 25 克，水煎服；用朱砂 15 克，茯苓、浮小麦、炒枣仁各 30 克，栀子、远志、川黄连、香薷、连翘各 20 克，雄黄 5 克，研末，冷水调，加鸡蛋清 10 个灌服。

152. 母猪厌食是怎么回事?

母猪厌食多发于冬春季节。一般发生厌食的母猪在临床上常以胃肠功能紊乱，采食量减少，甚至有的患猪会出现食欲废绝、便秘、腹泻等为主的发病特征，且发生厌食的母猪多见于临产母猪、产后母猪和一部分后备猪。

导致母猪发生厌食的主要原因是由于饲喂的饲料单一、母猪患某些慢性消化道疾病，如消化道发生溃疡、消化不良、长期便秘或下泻等均有可能引起种猪发生厌食。母猪所产的仔猪瘦弱，生活力下降，严重影响仔猪的成活率，且影响母猪产后的恢复；母猪厌食后，由于其进食量减少，往往易导致待产母猪的产仔时间拖延甚至发生难产；患母猪的抵抗力下降并引起生长发育障碍，严重者甚至导致患猪死亡。

153. 发现母猪厌食后应采取哪些措施呢?

生产中遇到母猪厌食时，应积极采取应对措施，及时调整饲喂母猪的饲料配方，给予一定量的青绿饲料（如白菜、生菜等），并可针对母猪发生厌食的类型采取相应的治疗方法。

（1）肌内注射健胃消食针（复合维生素 B），每天 1 次，连用 2～3 天。

（2）可采取中药疗法。

① 脾胃虚弱型：患种猪表现为脾胃气虚，化源不足，采食量减少或采食后胃肠不适，并伴有消化不良症状，排便时干时稀，且经常反复发生。治疗宜以健脾益气为主，对临产母猪和产后母猪可用淮山药 180 克、白扁豆 30 克、粳米 100～200 克，先将山药、扁豆煎煮并取其浓汁，分为两等份，于早晚与粳米煮成稀粥，待温后给患种猪喂服食疗，与此同时，可配合用参苓白术散给患种猪内服治疗。

参苓白术散的方剂组成：莲子肉（去皮）9 克，薏苡仁 9 克，缩砂仁 6 克，炒桔梗 6 克，炒甘草 9 克，白茯苓、人参、白术、山药各 15 克，白扁豆（去皮，微炒，姜汁浸）12 克，煎水或研为细末混拌于饲料中给患猪喂服，连续喂服 2～3 剂。

② 对久病阳伤、阴寒内盛的患猪，可配伍附子理中汤给患种

猪内服治疗，以温中散寒，附子理中汤的方剂组成是：附子 10 克、干姜 10 克、党参 15 克、龙骨 30 克、牡蛎 30 克、炙甘草 15 克、焦白术 15 克、升麻 10 克，煎水或研为细末混拌于饲料中给患猪喂服。

154. “有的母猪平时采食正常，近几天，当吃几口后马上就发生呕吐；吐完后仍继续吃，有的还会把吐完的吃下去；猪逐渐消瘦”这是怎么回事？

通过这种情况的描述，母猪可能是得了胃溃疡了。

猪胃溃疡主要是指胃黏膜出现角质化、糜烂和坏死，或自体消化，形成圆形溃疡面，甚至胃穿孔。症状包括厌食、腹部不适、肠道运动异常导致便秘或腹泻和某些病例，如胃出血及黑粪症等。本病初期胃呈轻微出血，病猪仅表现消化不良，往往不易被人察觉。当胃穿孔后，伴发急性弥漫性腹膜炎时，可迅速死亡。本病可发生于任何年龄的猪，但多见于 50 千克以上、生长迅速的猪及饲养在单体限位栏内的母猪，因此应多注意猪病防治。生长猪屠宰时的发病率可高达 60%，母猪发病率应在 5% 以内。

猪得了胃溃疡主要由于突然更换营养较高的料或者突然改变饲养方式引起，很多母猪是引种后出现。建议引种的时候问清饲料配方。养殖户大多是因为饲喂豆腐渣等过细饲料引起，或者是饲料里乱用添加剂、铜等超标或霉菌毒素引起胃肠溃疡等，由此可以看出提高养猪技术重要性。引起猪胃溃疡的主要原因有以下几个方面。

（1）饲料因素：饲料粉碎过细或饲料粗硬不易消化；微量元素超量添加，尤其是铜的超量添加；维生素缺乏，尤其是维生素 B_1、维生素 E 及硒等缺乏；饲料中纤维素缺乏；饲料中不饱和脂肪酸过多；饲料霉变等。

（2）应激因素：停饲、混养、群体过大、拥挤、转群、保定和运输、妊娠、分娩、猪舍通风不良、环境卫生差等。

（3）疾病因素：蛔虫、螺旋杆菌、霉菌（特别是白色念珠菌）感染及其他疾病（慢性猪丹毒、铜中毒、肝营养不良）的继发感染、体质衰弱、胃酸过多等。

(4) 饲喂制度：饲喂不定时，时饱时饥，突然变换饲料；限饲和分顿饲喂发病率高于自由采食。

(5) 遗传因素。

155. 猪胃溃疡有哪些临床表现？剖检后有哪些病理变化？

猪胃溃疡临床上分为急性型、慢性型、隐性型3种。

(1) 急性型：本病急性发作时，由于溃疡部大出血，病猪可突然死亡。也有的病猪在强烈运动、相互撕咬、分娩前后突然吐血，排煤焦油样血便，体温下降，呼吸急促，腹痛不安，体表和黏膜苍白，体质虚弱，终因虚脱而死亡。当病猪因胃穿孔引起腹膜炎时，一般在症状出现后1~2天死亡。

(2) 慢性型：病猪食欲减退或不食，体表和可视黏膜明显苍白，时有吐血或呕吐时带血，因虚弱而喜躺卧，渐进性消瘦。开始时便秘，后排煤焦油样粪便，潜血检查呈阳性。病情有时恶化，有时缓解，引起消化障碍和腹痛。少数病例有慢性腹膜炎症状。病程为7~30天。

(3) 隐性型：病猪无明显症状，生长速度和饲料转化率几乎不受影响。在屠宰后才被发现。

病猪剖检后主要发现以下病变。

(1) 溃疡主要在胃的食道区，胃底部和幽门区也有不同程度的充血、出血及大小数量不等、形态不一的糜烂斑点和界线分明、边缘整齐的圆形溃疡。

(2) 胃内有血块及未凝固的新鲜血液，有纤维素渗出物，在肠内也常发现新鲜血液。

(3) 无临床症状的病猪，早期病变有黏膜角质化过度以及上皮脱落，而无真正的溃疡形成。病猪的胃常比正常的胃有更多的液体内容物。也有胆汁自十二指肠逆流至胃使胃黏膜黄染。

(4) 慢性胃溃疡引起出血的病猪，因髓外造血而使脾肿大。

有的溃疡自愈猪可留下瘢痕。若是胃已穿孔，则可见弥漫性或局限性的腹膜炎，也常见膈膜炎症，腹腔内容物进入胸腔呈现膈病变。

156. 猪得了胃溃疡怎么办？怎么避免猪发生胃溃疡？

治疗原则是消除发病因素、中和胃酸、保护胃黏膜。

（1）对症状较轻的病猪，应保持环境安静，减轻应激反应，可注射镇静药，如用盐酸氯丙嗪，猪每次每千克体重用1～3毫克，或静脉注射甘露醇。

（2）中和胃酸，防止胃黏膜受侵害。可用硫糖铝、氢氧化铝、硅酸镁或氧化镁等抗酸剂，使胃内容物的酸度下降。

（3）保护溃疡面，防止出血，促进愈合。可于饲喂前投服次硝酸铋5～10克，每天3次，也可喂服鞣酸蛋白，每次2～5克，每天2～3次，连用5～7天。此外，为维持食糜的正常排空，可用聚丙烯酸钠每天5～20克溶于水中饮服，或以0.5%～5%的比例混于饲料中喂服，连用5～7天。

（4）严重者（头两天）注射30%长效土霉素＋西咪替丁；有呕吐症状的注射654-2、胃复安、爱茂尔；不食时可用健胃消食针（复合维生素B）；哺乳母猪也可以输液（盐、糖、碳酸氢钠、西咪替丁、ATP、肌苷、辅酶A）。同时饮水中可添加阿司匹林＋小苏打＋电解多维，或饲料中添加长效土霉素（或土霉素）＋西咪替丁＋硫糖铝。

（5）如果病猪极度贫血，证实为胃穿孔或弥漫性腹膜炎，则失去治疗价值，宜及早淘汰。

预防猪胃溃疡要针对发病原因采取相应的措施。

（1）避免饲料粉碎得太细，饲料颗粒度宜在500微米以上。

（2）减少日粮中玉米数量，要饲喂粉料而不是颗粒饲料。

（3）饲料中加入草粉或燕麦壳等使日粮中粗纤维量达到7%。

（4）保证饲料中维生素E、维生素B_1、硒的含量。

（5）用铜做促生长剂时，饲料中同时加碳酸锌作抗铜致溃疡添加剂。

（6）饲料中添加0.1%～0.2%聚丙烯酸钠。

（7）母猪产前每吨饲料中可添加西咪替丁350克+电解多维1 000克，或西咪替丁400克+长效土霉素1 500克（或土霉素1 000克）。

（8）秋季昼夜温差大，仔猪要有适宜的温度，适当的活动区域。

157. 为什么要强化母猪的产前补铁？母猪缺铁有哪些表现？

目前，无论大小猪场母猪缺铁问题非常普遍，还没有引起养殖场的足够重视，许多养殖者只认为仔猪缺铁，而且还按部就班补铁，就是不注意母猪缺铁的情况，偶尔发现了，总是认为是由于传染病引起的。因此，在养猪生产中要注意母猪的缺铁，并及时对母猪进行产前补铁。究竟为什么给母猪产前补铁呢？

（1）母猪怀孕后期对铁的需求增加。在母猪怀孕后期，仔猪生长迅速，仔猪60%～70%的体重是在怀孕后期20～30天生长的，这就要求母猪必须提供丰富的营养物质供仔猪发育，其中对铁的需要量也大幅增加；同时，母猪也要为分娩贮备必要的营养，如合成足量的含铁丰富的肌红蛋白，如果铁补充不足，肌肉及子宫肌中肌红蛋白含量不足，则会发生母猪努责无力，仔猪出生速度慢、产程长，子宫收缩力弱、复旧慢，易发生子宫内膜炎等。

（2）吸收利用率低，不能满足胎儿生长和分娩需求。母猪怀孕后期由于胎儿压迫消化道，母猪消化道的运动功能和消化吸收功能降低，再加上饲料中添加的铁补充剂多为硫酸亚铁，硫酸亚铁的吸收利用率低，空怀时利用率仅有15%，母猪怀孕后期吸收利用率更低，远远不能满足胎儿生长和分娩对铁的需求。这就要求专门补充一些吸收利用率高的补铁产品，满足胎儿生长和母猪分娩的需求。如富铁力、牲血素等（可于产前5～7天注射铁制剂，相当于仔猪的3～4倍）。

母猪缺铁的主要表现：皮肤及眼结膜苍白，产前阴门异常肿大，分娩时努责无力，仔猪出生速度慢、产程长。出生的前几个仔猪为活仔，后面的几个仔猪出现假死或死亡。母猪产后泌乳不足或无乳。子宫收缩力弱，复旧慢，易发生子宫内膜炎。断奶后发情率低，有的长时间不发情等。其产出的仔猪体重不足或大小不一，活力低，吮乳能力差（需要人工辅助哺乳），体质弱，各种疾病的发病率高，成活率低，生长速度慢等。

158. 造成仔猪缺铁症发生的原因有哪些？仔猪缺铁后临床表现和病理剖检变化有哪些？

（1）仔猪缺铁的原因如下所述。

① 仔猪出生时体内铁的贮备量少。仔猪体内铁的含量明显少于其他动物。仔猪体内含铁少主要是在肝中铁贮存量少，或血红蛋白含量少，造成这一现象主要是由于母体胎盘的屏障作用。猪的胎盘是弥散型胎盘，这种胎盘构造简单，胎盘绒毛膜的绒毛分布在整个绒毛表面，绒毛的表面有一层上皮细胞，每一绒毛上部都有毛细血管分布，并与绒毛相对应。子宫黏膜上皮向深部凹入，形成腺窝，绒毛插入此腺窝内，因此母猪血管与仔猪血管间隔着多层组织，这限制了母猪体内的铁向胎儿体内转移。一般认为仔猪出生时体内仅有 25 ~50 毫克的铁贮备。出生时铁的贮备量低是哺乳仔猪易发缺铁症的主要原因。

② 仔猪每天需要的铁量较多。母猪妊娠期较短，只有 114 天。一窝仔猪的数量较多时，一般仔猪出生体重较小，但仔猪出生后，生长迅速，仔猪每天需要 6 ~8 毫克铁才能维持正常生理机能。

③ 母猪乳汁中的铁含量很低。乳腺屏障限制了母猪血液中的铁进入乳腺泡，母猪乳汁中铁的含量很低，每 1 升乳中仅含有 1. 7 毫克左右的铁。仔猪每天摄食乳汁的量不足 1 升，因此，每天从乳汁中摄入的铁少于 1. 7 毫克，这是出生仔猪易发缺铁症的另一重要原因。

④ 仔猪从其他途径摄入的铁少。自然条件下，仔猪可通过啃食泥土而从土壤中获取所需的铁。现代化养猪多采用水泥地面或漏缝

地板，这使仔猪远离土壤。15 日龄内仔猪采食量很少，不能从饲料中获取足量的铁，如果不及时补铁，则会影响仔猪生长。

（2）仔猪缺铁后的临床表现：仔猪发病突然，体温变化不大；精神沉郁，不愿走动，食欲减退或废绝；营养不良，生长缓慢，衰弱，皮毛蓬乱，缺乏光泽，皮肤苍白，眼、鼻、口腔黏膜苍白，皮肤冰冷；光照时仔猪耳壳呈灰白色，几乎见不到明显的血管，针刺耳部出血少；仔猪呼吸加快，脉搏急速，轻微运动则喘息不止；多数仔猪下痢，头部水肿。

（3）病理剖检变化：可见仔猪皮肤、黏膜苍白；血液稀薄、凝固性差，全身轻度或中度水肿；腹腔、胸腔、心包腔积液；肌肉苍白、松弛，特别是心肌更加明显，心脏扩张；肺水肿，间质明显，切面有渗出液；肝脏肿大，呈淡黄色，肝实质少量瘀血；脾脏稍肿大，肾实质变性，呈灰白色；胃和肠腔空虚，肠系膜淋巴结水肿、瘀血。

159. 仔猪在缺铁后如何补铁？补铁时应注意哪些问题？

仔猪缺铁后要及时补铁，应采取直接和间接方法进行。

（1）直接补铁，即直接给仔猪补充铁制剂，方法有 3 种。

① 喂服铁剂。铁的利用效率与注射相同，但要避免过量投用铁，超过铁蛋白结合能力时，未结合的血清铁易促进细菌生长，导致仔猪感染和下痢。其补充方法是：硫酸铁 2.5 克、硫酸铜 1 克，用清水 1 000毫升溶解，每 1 千克体重喂服 0.25 毫升，每日 1 次，连服 14 天。也可在仔猪出生后 1 小时内喂服葡聚糖铁，效果较好。

② 投放红土或含铁细沙。向圈舍内投放红土或含铁细沙，让仔猪自由舔食，可以在一定程度上达到补铁的目的。

③ 注射补铁针剂。可用富铁力、牲血素、血多素、右旋糖苷铁钴注射液等，在 3 日龄和 10 日龄各注射 1 次。

（2）间接补铁。母猪产前 2～3 周和产后 2～3 周内补铁，即通过给妊娠期或产后早期母猪补饲铁剂，以增加新生仔猪铁的贮备量或乳中含铁量。补饲的铁剂可分为无机铁、有机铁和氨基酸螯合铁3种。

仔猪补铁时应注意以下几个方面。

（1）补铁剂量要适宜。补铁量不宜过大，用量过大不仅会抑制肠道对锌、镁等元素的吸收，而且会导致内脏器官血色素沉积，还会影响仔猪的生长速度。

（2）提高铁剂的吸收率。仔猪补铁前后3天内应暂停或减少饲喂贝壳粉、骨粉、碳酸钙等钙类饲料及暂停饲喂高粱、麦麸等含鞣酸类高的饲料，还要减少四环素、抗胆碱类药物、碘化钾、碳酸盐、鞣酸蛋白等药物的使用，以免影响机体对铁元素的吸收。

（3）防止仔猪过敏。有的仔猪肌内注射铁制剂时会出现过敏反应，其表现为体温升高，呼吸急促，口吐白沫，皮肤、黏膜发红，惊叫，抽搐倒地，严重的休克，甚至死亡。发病时应及时应用抗过敏药物，可用肾上腺素1毫克，一般经过2小时左右仔猪多能恢复。

（4）补铁时多数猪场在猪股内侧进行深部肌注，但其吸收速度缓慢，注射部位留有斑点。建议在颈部肌内注射。

160. 应激是怎么回事？引起的原因和发病的机理有哪些？

应激是指动物受到各种因子的强烈刺激或长期作用，处于“紧张状态”时发生的以交感神经过度兴奋和肾上腺皮质功能异常增强为主要特征的一系列神经内分泌反应。引起应激反应的刺激因素称为应激原，如惊吓、捕捉、运输、过冷、过热、拥挤、混群、缺氧、感染、营养缺乏、缺水、断料、注射疫苗，去势，改变饲喂方法，更换饲料、更换环境、更换饲养员、高产过劳、疼痛、中毒等。应激可造成猪的细胞免疫功能降低；单核、巨噬细胞吞噬功能下降；免疫应答差；细胞缺氧死亡；胃肠瘀血、水肿、出血、胃溃疡；胃肠道菌群失调；蛋白质分解代谢增强；生产力下降，饲料利用率降低；容易感染疾病。同时可引起很多疾病的发生，如猪桑葚心病、应激性肌病、心性急死病、恶性高温综合征、胃溃疡、大肠杆菌病、咬尾、咬耳症、母猪无乳症、皮炎、肾病、断奶后系统衰竭等。

引起应激综合征的原因有以下几个方面。

(1) 与遗传因素、硒缺乏症、内分泌失调、蛋白质缺乏有关。

(2) 与环境应激有关。如惊吓、捕捉、保定、运输、驱赶、过冷过热、拥挤、混群、噪声、电刺激、感应、空气污染、环境突变、防疫、公猪配种、母猪分娩等。

(3) 过劳、仔猪断奶、转群也是促进发病因素。

(4) 夏秋温度过高也可能提高应激性疾病的发生率。

应激病发生的机理主要有以下几个方面。

(1) 在各种应激条件下，机体防御系统功能下降，病原微生物很容易突破机体防御屏障进入体内大量繁殖而发生疾病。

(2) 应激条件下打破了机体的平衡。正常情况下许多病原微生物与有益菌共同存在，处于一种动态平衡，如正常情况下喉头就存在巴氏杆菌、肠道中致病性大肠杆菌与非致病性大肠杆菌共同存在、附红细胞体与机体防御功能处于动态平衡等，在各种应激条件下，机体防御系统功能下降，打破了机体的平衡，病原微生物在体内大量繁殖而发生疾病。

(3) 应激条件下机体的免疫系统功能下降，机体产生抗体的量少，免疫效果差，保护力低。所以，应激条件下最好不做疫苗。

(4) 应激发生时一般都伴随饲料的改变，降低了胃肠道的消化吸收功能，加剧了应激反应。

161. 应激综合征有哪些主要表现和病理变化？

(1) 临床表现：突然死亡，有的病例可见病猪疲惫无力，运动僵硬，皮肤发红，有的配种时期死亡。有的数分钟死亡。有的猪应激后严重者体温升高，呼吸加快，背部单侧或双侧肿胀，肿胀部位无疼痛反应。肌肉僵硬，震颤，卧地，呈犬坐或跛行。皮肤红一阵白一阵。哺乳母猪泌乳减少或无乳，公猪性欲下降。

(2) 病理剖检变化：可见心肌有白色条纹或斑块病灶，心肌变性，心包积液。脊椎棘突，上下的纵行肌肉及外臂部和腰部肌肉呈灰白色或白色，有时一端病变一端正常，间质轻度水肿。肺水肿，有的胸腔积液。后肢半腿肌、半膜肌、腰大肌、背最长肌肉苍白，质地疏松，有液体渗出。病猪死后立即发生尸僵，肌肉温度偏高。反复发作而死亡的见背部、腿部肌肉干硬而色深。重者肌肉呈水煮样，色白，松软弹性差，纹理粗糙，严重的肉如烂肉样，手指易插入，切开后有液体渗出。有的多发生前后肢负重的肌肉病变，病变对称性，轻型的腿肌坏死，外观粉红色，湿润多汁，轻挤压有大量淡红色液体渗出。严重的腿肌坏死，肉呈灰白色，色暗无光泽，质地硬。

162. 如何避免猪应激综合征的发生？

（1）选择抗应激性强的猪种，以减少或杜绝发病内因；有应激敏感病史或对外界刺激敏感的猪群，不宜留用。

（2）减少和避免各种外界干扰和不良刺激，保持良好的饲养管理，混群要多加注意，避免拥挤、咬架等。

（3）在运输时注意防寒防暑、防压、过劳。可给予氯丙嗪每千克体重 1～3 毫克或苯巴比妥每千克体重 50～60 毫克。在购买猪时了解有无应激病史。

（4）对病猪应单养，对重症者肌注或口服氯丙嗪，每千克体重 1～3 毫克或催眠灵每千克体重 50 毫克，静注 5% 碳酸氢钠 40～120 毫升；为防止过敏性休克和变态反应性炎症，可静注氢化可的松或地塞米松磷酸钠等皮质激素适量。

（5）在猪转群前 9 天和 2 天用亚硒酸钠—维生素 E 合剂，每千克体重 0. 13 毫克，肌内注射。

163. “夏天，母猪皮肤有好多如黄豆大小或蚕豆大小的红疙瘩，皮肤粗厚、瘙痒，常蹭墙止痒，导致全身被毛脱落”是怎么回事？如何治疗？

出现此类情况，有可能是湿疹造成的。湿疹多发于潮湿的夏季，在临床上可分为急性和慢性两种类型。若急性治疗不及时常转为慢性，病猪皮肤粗厚、浸润、瘙痒，患猪常蹭墙止痒，导致全身被毛脱落。急性者大多突然发病，病初母猪的颌、腹部和会阴两侧皮肤发红，出现如黄豆大小或蚕豆大小的结节、瘙痒不安，以后则随着病情的加重出现水泡、丘疹，破裂后常伴有黄色渗出液，结痂及鳞屑等。因此，平时要保持母猪的皮肤卫生，消灭蚊蝇等吸血昆虫。加强饲养管理，饲喂富含维生素、矿物质的饲料，饲料搭配要多样化，饲料要易消化，减少胃肠刺激等。经常清扫猪圈，保持舍内清洁干燥，通风采光良好，墙壁湿度大的还可撒一些石灰除潮。出现湿疹后要及时治疗，采用除污止痒、清洗、外搽与注射或内服药相结合的治疗方法。

（1）慢性湿疹的治疗：外洗治疗时先用肥皂水洗净患部，再涂擦10%硫黄煤焦油软膏；如果患猪患部化脓感染，可先用0.1%高锰酸钾液或3%双氧水溶液清洗，再涂擦碘酒或撒上消炎粉。如患部结痂、鳞屑积聚，可先用3%双氧水冲洗干净，再涂上鱼石脂软膏。

（2）急性湿疹的治疗：对于急性者可静脉注射氯化钙或葡萄糖酸钙10~20毫升，同时内服维生素A 5 000国际单位，水杨酸1克，氧化锌软膏30克，混合后涂擦，每天一次；维生素C片和复合维生素B片各0.5~2克，灌服、饮水或拌料；必要时可注射肾上腺素0.5~1.5毫升；对于患部出现潮红、丘疹，可用鱼石脂1克，患部渗出液较多时，可涂擦3%~5%龙胆紫酒精溶液或撒上等份的硼酸和鞣酸混合粉剂。

164. 引起猪异食癖的原因有哪些？怎么预防？

猪的异食癖是一种由于饲养管理不当、环境不适、饲料营养供应不平衡、疾病及代谢机能紊乱等引起味觉异常的一种复杂的应激综合征，多发于秋冬季节。猪一旦发生异食癖，生长缓慢，日渐消瘦，皮粗毛乱，如不及时治疗，会影响猪的生长发育，未长成的小猪还可能成为僵猪而停止生长，给养猪户造成不必要的经济损失。

遇到此类情况，应及时调整猪的饲料，对症补充微量元素或药物治疗。诱发猪异食癖发病原因如下所述。

（1）饲养管理不当：包括饲养密度过大、饲槽空间狭小、限饲与饮水不足、同一圈舍猪只大小强弱悬殊、猪只新并群造成打斗、争夺位次等原因均可诱发异食癖。

（2）环境因素：秋冬季猪发病率比较高的原因可能是干躁和多尘环境导致了猪更多的烦躁和攻击行为。猪舍环境条件差，如舍内温度过高或过低，通风不良及有害气体的蓄积，猪舍光照过强，猪处于兴奋状态而烦躁不安，猪生活环境单调，惊吓、猪乱串群；天气的异常变化，猪圈潮湿引起皮肤发痒等因素，使猪产生不适感或休息不好均能引发啃咬等异食癖的发生。

（3）品种和个体差异：同一猪圈内如果饲养不同品种或同一品种间体重差异过大的猪，因品种及生活特点差异，相互争抢而发生撕咬。个体之间差异大，在占有睡觉面积和抢食中，常出现以大欺小现象。

（4）疾病：若猪患有虱子、疥癣等体外寄生虫时，可引起猪体皮肤刺激而烦躁不安，在舍内摩擦而导致耳后、肋部等处出现渗出物，对其他猪产生吸引作用而诱发咬尾；猪体内寄生虫病，特别是猪蛔虫，刺激患猪攻击其他猪。

（5）营养供应不平衡：当饲料营养水平低于饲养标准，满足不了猪生长发育的营养需要时可导致咬尾症的发生。另外，日粮中的各种微量营养成分不平衡，如日粮中钾、钠、镁、铁、钙、磷、维生素等的缺乏或者不平衡也会造成此症。

（6）猪本身的天性：猪爱玩好动，环境舒适、安居乐业的小猪，咬其他猪的尾巴玩，猪的模仿性是一只猪发生异食癖而引发大群发生异食癖的原因之一。同时因互咬导致的破皮与流血等外伤，又诱发了猪相互撕咬兴趣。

目前预防猪异食癖的措施如下。

（1）加强饲养管理，营造良好的生活环境。合理布控猪舍，调整好饲养密度，猪的饲养密度一般应根据圈舍大小而定，原则是以不拥挤、不影响生长和能正常采食饮水为宜。冬季密一些，夏季稀一些。调控好舍内温度与湿度、加强猪舍通风，避免贼风侵袭、粪便污染、空气浑浊、潮湿等因素造成的应激。定时定量饲喂，不喂发霉变质饲料，饮水要清洁，饲槽及水槽设施充足，注意卫生，避免抢食争斗及饮食不均。

（2）使用平衡营养的配合饲料，满足猪的营养需要。选用优质饲料原料，适度增加食盐用量。对于吃胎衣和胎儿的母猪，除加强护理外，还可用河虾或小鱼 100～300 克煮汤饮服，每天 1 次，连服数日。还可在饲料中增加调味消食剂，添加大蒜、白糖、碎陈皮及市面上的一些调味剂来改善猪的异食癖。

（3）对症用药，控制异食癖。

① 对患慢性胃肠疾病的猪，治疗主要以抑菌消炎、清除肠内有害物质为原则，并结合补液、强心措施。

② 对于患寄生虫病的猪，应及时用左旋咪唑、伊维菌素、芬苯达唑等药物驱虫。

③ 对于被咬伤的猪外部消毒，并辅以抗生素治疗。

④ 猪吃煤渣、泥土时，要补充铁、锰、锌、镁等多种微量元素。

⑤ 猪吃猪粪，应喂服或肌注维生素 B_{12}，每天一次，每次 1.2～1.6 毫升，连用 3～4 天。

⑥ 猪吃石灰，应在其饲料中添加钙和磷，如熟石灰、骨粉等，也可以注射磷、钙制剂或加喂维生素。

⑦ 猪吃垫草，可喂服或肌注维生素 B，每次 10～20 毫升，每天 1 次，连用 3～4 天。也可在其饲料中添加兽用多维素，用量按说明书。

165.“猪皮肤发白、体温和食欲正常、死后剖检可见肌肉发白似煮肉样”是怎么回事？如何预防？

出现此种症状可能是由于猪缺硒造成的。硒是猪体内谷胱甘肽过氧化物酶的构成成分，以硒代半胱氨酸的形式参与体内抗氧化过程。

猪缺硒能引起一系列的疾病，主要表现和病理变化有以下几个方面：① 白肌病：也称营养性肌坏死，肌肉萎缩，透明变性，叫声嘶哑，肌肉颤抖。② 营养性肝坏死：出现花肝；肝表面凹凸不平。③ 营养性心坏死（桑葚心）：心脏多发性出血而呈红紫色，如桑葚状。④ 仔猪水肿病：缺硒会使仔猪水肿病发病率升高。⑤ 猝死：不明原因的突然死亡，越膘肥体壮的猪死得越快。⑥ 注射铁制剂时过敏。⑦ 引起膈疝。⑧ 产生水猪肉和暗猪肉。⑨ 母猪发生繁殖障碍。⑩ 仔猪呼吸困难。⑪ 胃溃疡。

预防仔猪缺硒的措施主要有以下几个方面。

（1）猪舍彻底清扫后，用消特灵、百毒杀、过氧乙酸、聚维酮碘的消毒药进行全面消毒。

（2）病猪肌内注射维生素 E－亚硒酸钠注射液 2～3 毫升，间隔 20 日可重复注射一次。

（3）饲料中添加适量维生素 E－亚硒酸钠粉，连用 7 天。

166. 仔猪缺硒的临床表现和病理变化有哪些？

（1）临床表现：病仔猪瘦弱，精神不振，食欲减退，站立不稳，步态强拘，后躯摇摆，随着病程的发展，四肢麻痹，呈犬坐姿势。皮肤苍白，结膜轻度黄染，呼吸困难。便秘或腹泻，心跳加快，其他表现未见异常。有的新生仔猪则表现为出生 1～2 天，全身震颤，时而发生嘶哑的尖叫声，而后很快倒地死亡。个别母猪有产死胎的现象，每窝少的 1～2 头，多的 3～4 头。

（2）病理剖检变化：病猪剖检可见皮下水肿，呈胶样浸润，肌肉苍白，尤以背最长肌最为明显，似鱼头状，后肢骨骼肌色淡，呈灰黄色。胸腹腔积液。肝脏肿大，质变脆弱，色泽变淡，甚至呈土黄色，切面有的呈现花肝病变，即健康色肝小叶和瘀血坏死的肝小叶形成界线清晰的多色相杂外观。胆囊稍肿，胆汁变浓而少。小肠壁变薄，肠黏膜脱落。淋巴结水肿，切面多汁。肾肿大，有少量出血点和出血斑。心包积液增多。心肌质地柔软，心肌扩张变薄、瘀血，乳头肌肉膜有出血点，心脏颜色变淡，弹性降低，心肌纤维有灰白色纤细的坏死条纹。肺脏气肿，间质增宽，胸腔有淡黄色渗出液。

167. 引起猪咬尾的原因有哪些？

猪咬尾症主要发生在处于生长期（即体重20～50千克）的猪群中，该阶段的猪生长发育相对较快，对各种营养的需求量也较大。有些养猪户因为投喂的饲料营养成分单一，会造成猪生长代谢所需的某些矿物质及维生素补充不足和某些氨基酸的缺乏，易诱发猪的异食癖。或猪群的密度过大、猪舍环境恶劣、光照强度大等，引发猪相互追逐咬尾巴，致使部分猪尾巴被咬破、出血、发炎，发出腥臭味，引得更多猪来追逐撕咬破损了的尾巴，严重影响猪的生长发育，给养猪户造成一定的经济损失。引起猪咬尾主要有以下几个原因：① 猪在情绪变化时咬尾。② 饲料中营养不全面不平衡，尤其是矿物质缺乏会引起咬尾。③ 密度过大。④ 同圈猪个体差异过大。⑤ 有体内、体外寄生虫感染。⑥ 应激反应。⑦ 季节变化。⑧ 猪舍内空气污浊。

168. 猪出现咬尾后怎么办？

治疗采用个体治疗和群体治疗相结合方法。

（1）个体治疗是猪尾巴被咬伤后，应把尾巴被咬破的猪单独隔离，并进行适当处理。

① 被咬伤尾巴伤口若伤势不严重，清洗伤口后，应涂紫药水以促进伤口的愈合。若伤口出血，要压迫止血，有局部炎症的可以涂抹红霉素软膏。若已引起全身感染，可肌内注射氨苄青霉素、头孢噻呋钠等抗生素以控制感染。

② 对被咬伤的猪的伤口处消毒，再涂抹碘酊或紫药水，还可以涂鱼石脂软膏。此外，被咬的猪尾上涂抹龙胆紫或用黄连熬出的中药水，增加苦味，这样，当猪再相互咬尾时，会闻到苦味，迫使其放弃咬尾。

③ 圈中其他的猪，可适当给予镇静药（如氯丙嗪等），使其精神安定。

（2）群体预防解决猪咬尾问题，主要从减少应激和提供均衡营养的配合饲料做起。同时要定期进行驱虫，降低饲养密度，还要采取以下措施。

① 投放全价料，在饲料中应加入富含钠、钴、钙、铜等矿物质以及复合维生素 B 的添加剂。

② 加强饲养管理，减少饲养密度，圈舍中粪便应及时清理，定期消毒。

③ 出生仔猪应进行断尾。

④ 用味道强烈的来苏儿或含氯的消毒剂消毒猪舍，每天喷洒两遍。

⑤ 饲料中添加 1% ~2% 的食盐、2% ~4% 的小苏打，连喂 2 ~3 天。还可以在圈内撒一些粒盐，或杂碎的新砖头。

⑥ 饮水要充足，饮水中加氨基多维或电解多维，连用 7 天。

⑦ 猪圈拴根铁链，或吊上一个石头，或放置几个皮球让猪玩耍，或悬挂一块铁板，在其旁挂一个铁棒，让猪拱玩敲击能解决一定问题，有一定效果。

⑧ 朱砂拌料，来苏儿喷洒地面和小猪全身。或给全群猪鼻孔内喷洒 75% 的酒精，每隔 3 个小时一次。

169. 猪脱肛是如何造成的？如何防治？

猪脱肛是大肠末端、肛门里侧的部分脱出到肛门外，轻度的病猪站立时可自行还纳，但排粪时又可脱出。较重的脱出部分表现水肿、溃烂、出血，严重的会出现大肠全部脱出。脱肛在猪的任何年龄、任何季节均可发生，以商品猪（50 ~100 千克体重）多见，多在冬季出现，脱肛可影响生长发育，甚至引起猪只死亡。猪脱肛在保育阶段发生率比较高，此病在每个猪场都存在，发生概率在 0.5% ~1% 。

猪脱肛主要由便秘、腹泻、营养不良、天气寒冷、密度过大、咳嗽等造成的，霉菌毒素是目前造成脱肛的一种重要原因。要避免脱肛的发生，必须采取以下防治措施。

(1) 冬季注意保暖，饲喂营养丰富的全价料。防止惊吓，减少应激。

(2) 对已脱肛的猪要进行治疗。

① 提起猪的后腿，用绳子将猪的两后腿吊起，上方可以拴在门框或棚顶保定。轻者用温热的0.1%高锰酸钾水或温水加适当的消毒药洗净脱出的肠管，再慢慢地送回腹腔，并在肛门上下左右分四点注射95%的酒精，每点2~3毫升。使猪的后躯离开地面，经过半小时左右，直肠的不良刺激逐渐减轻，努责消失。将猪放下，隔离饲养。但容易反复，手术缝合比较彻底。

② 对脱肛严重的猪只，理论上要进行荷包式缝合，实际根本没有必要，操作费时费力。推荐如下方法：在缝合时首先用消毒药水把针、线、剪刀及肛门所脱出的部分进行清洗消毒，用食指和拇指把水肿的地方能掐掉的全部去除，洗干净，直肠会自动收入肛门内，然后缝合。缝合的方法是在中间直接用线闭合，做一次结节缝合，最多在一边再缝合一针。手术后不隔离不限饲，然后肌注消炎药即可。

170. 如何预防阿散酸中毒？

阿散酸、洛克沙砷等砷制剂主要是促进动物表皮毛细血管舒张、血液循环加快、新陈代谢旺盛，使之皮薄毛亮、增加色素沉着、延长睡眠时间、促进生长，后来发现还可以治疗猪附红细胞体病且疗效显著、价格便宜，因此得到广泛应用。但是随着添加量的盲目增加，其副作用也越来越明显，如果阿散酸添加量每吨饲料超过150~180克，则生猪易发生中毒。临床上猪阿散酸中毒的报道极为少见。中毒后表现突然发病，拉灰黑色糊状粪便，进而转为灰黄色，内混有未消化饲料颗粒。随后，群中个体较大的猪出现肌肉震颤，后躯瘫痪，前肢爬行，血尿，呕吐，呕吐物有腥臭味；或走路摇摆，粪便有大蒜臭味。

发现以上症状后首先立即停喂原配粉料，更换为不含阿散酸的饲料。其次给予充足饮水和青绿饲料，并在饮水中添加复合维生素B。第三对症治疗，肌内注射维生素 B_1、三磷腺苷、庆大霉素等，每天2次，连用5天。

171. “小母猪阴门红肿，似有发情症状”是怎么回事？如何防治？

育成期的小母猪或已阉割的小母猪出现阴道红肿，出现类似发情的症状，一般为玉米赤霉烯酮中毒。玉米赤霉烯酮是霉菌中的镰刀菌所产生的毒素，它的结构类似于雌激素，因此在生理上出现雌激素样作用。在出现假发情的同时，有些小猪会伴发阴道炎，重症者会从阴道流出炎性分泌物。一般来讲，未经配种的后备母猪出现阴道炎或子宫内膜炎，且不易发情，大多与饲料中玉米赤霉烯酮污染有关。建议使用生物脱霉素，既可以吸附霉菌毒素，分解排出体外，又可把损失的营养通过有益菌繁殖补充，减少饲料的营养损失，提高饲料报酬。

霉菌毒素可造成育成猪不明原因的生长速度下降；生产母猪流产率增加，弱仔、死胎、八字脚比例上升，断奶到发情间隔时间延长；猪只呕吐、腹泻、采食量下降；疫苗接种后免疫应答差；猪容易患呼吸道疾病；猪脱肛发病率增加。

霉菌毒素中毒的猪皮肤及黏膜苍白，体虚，背毛蓬乱。四肢、颌下、耳部皮下出血，口、鼻、肛门出血，个别的还有眼球突出症状，体温39.5～40.5℃。用这样的饲料再喂5～6天，猪的死亡率高达90%。剖检病死猪可见体内有血肿，肿部的血液不凝，呈暗红色；血管发瘪，管内血液不凝；心肌松软有黏性，呈淡红色，有皱纹；肺充血、水肿；肝肿大、质地松软、色泽不匀；胆囊内贮有少量稀薄胆汁；淋巴结肿大、有出血点；胃肠有典型卡他性炎症；肾软，皮质和髓质界线不清；膀胱内有积尿，黏膜有出血点；大脑水肿，血管充血。

预防霉菌中毒的最重要措施是适时收获玉米，并按规定程序贮藏玉米和其他饲料，把玉米含水量控制在 14% 以下后再入库，同时在饲养场还必须经常按真菌学标准和兽医卫生学标准检查饲料质量。其次，在饲料中添加脱霉剂（每吨饲料中添加 1 ~ 2 千克）和复合维生素 B（每吨饲料中添加 1 千克），连用 1 ~ 2 周。

172. 几种常用药物中毒有哪些主要表现？怎样解救和预防？

（1）口服盐酸左旋咪唑片中毒。

猪口服盐酸左旋咪唑片驱虫方便、省事、效果好，但使用不当易发生中毒。轻者表现烦躁不安、口渴、易惊、局部或全身肌肉颤抖、步态不稳、肠蠕动增强；重者口吐白沫、肌肉痉挛、卧地不起、瞳孔缩水、大小便失禁、体温正常或偏低、呼吸迫促、很快死亡。

救治方法：发现中毒，每头猪皮下注射 0.1% 盐酸肾上腺素 1 毫升，或用 1% 硫酸阿托品 3 ~ 4 毫升，经 1 小时后症状未见轻者可重复 1 次。之后再每头耳静脉注射 5% 或 10% 葡萄糖生理盐水 30 ~ 50 毫升、维生素 C 500 毫克等，另外也可结合耳尖、尾尖放血等施行综合治疗。

预防方法：为了避免中毒的发生，首先应对猪实行限料，但还要依料型、天气等情况灵活掌握；限料则是驱虫前的一次供料量占正常喂量的 65% ~ 75%，或直接安排在早上空腹时进行；其次是适量拌料，并将总用药量 1 次混入，投药后要现场检查猪的采食、饮水情况，保证每头猪均等服用；最后还要巡回检查，发现中毒及时处理。

（2）磺胺类药物中毒。

磺胺类药物是临床常用的抗菌药物，一些兽医和养殖户并不清楚磺胺药的作用机理，不知道磺胺类药物只能抑制细菌生长繁殖，不能彻底杀死细菌，临床用药很不规范，不懂得遵守“首次突击量，以后用维持量，症状消失后使用最小量”的用药规律，而是毫无标准地大剂量和长时间用药，引起猪群中毒而导致死亡率提高。病猪精神萎靡，食欲减退或不食，体温40～41℃，被毛粗乱，喜卧，扎堆；有的病猪皮肤呈土黄色；有的病猪皮肤在胸腹部呈紫红色；有的病猪腹泻，排出灰黄色稀粪；有的病猪排黄红色尿液；有部分病猪后肢无力，行走不稳，跛行，病重者卧地不起。剖检可见病猪全身淋巴结肿大，呈暗红色，切面多汁，皮下有少量淡黄色液体，皮下与骨骼肌有不同程度的出血斑，胸腔和腹腔积液，心包积液，心外膜出血，肝脏黄染，有大小不等的白色坏死灶，脾肾肿大，质脆，胃和小肠黏膜充血，出血，肾肿大，呈淡黄色，肾盂内有黄色磺胺结晶沉积物。

救治方法：首先，立即停用磺胺类药物，在饮水中添加10%葡萄糖、电解多维，给猪只大量饮水，使其尿量增加，以降低尿中药物浓度，防止形成结晶，加速药物排出。其次，用2%～4%碳酸氢钠饮水（遵照说明书），使尿液呈碱性，提高磺胺药物的溶解速度。再次，在饲料中加入氟苯尼考，泰妙菌素饲喂，以防止继发感染。

预防方法：首先，控制磺胺药用药剂量和用药时间，一般磺胺药用药原则是“首次使用突击量，然后使用维持量（即正常量），最后给予最小量，即第一次要使用突击剂量，以达到迅速抑菌的目的，然后给予维持量，待症状消失后，再给予2～3次最小量，以保持较长时间的药效，防止细菌反弹”。其次，用药过程中应增加供水量或注意使用碳酸氢钠以碱化尿液。最后，肝、肾功能不全以及脱水、少尿、酸中毒、休克病猪使用磺胺药应慎重或禁用。出现严重的磺胺药中毒反应要立即停药，静注碳酸氢钠、生理盐水或葡萄糖注射液，以促进磺胺药的排泄，同时，还要采取有效的对症治疗措施。发生过敏性休克时可用肾上腺素进行抢救。

（3）利巴韦林中毒。

利巴韦林又名病毒唑或三氮唑核苷，是一种广谱抗病毒药物，主要用于防治猪某些病毒性疾病，猪用98%的利巴韦林50克拌1吨饲料，每天2次，连用3～5天。近年来，此药在兽医临床上禁止使用，但有些饲养者仍然使用，使用不当会出现中毒现象。中毒的猪体温在37.5～39.3℃，精神沉郁，大便棕色，呈小球状；小便浓黄至棕褐色，少部分母猪皮肤及可视黏膜黄染，苍白；个别有神经症状，当猪出现神经症状时发出鸣叫，站立时四肢抖动，呼吸急促，有时肌腱失控，蹄出现溜腱现象。中毒猪只一旦出现神经症状，则通常在10分钟之内死亡，临死前共济失调。剖检可见全身皮肤、可视黏膜苍白、黄染。全身脂肪黄染；淋巴结轻度肿大，切面多汁，切面呈灰白至淡红不等；心房、心外膜有出血斑点，心肌似煮过样；肝土黄色、肿大，边缘变钝，表面有多量出血斑点；肾肿大，瘀血，被膜易剥离；脾肿大2～3倍，黑褐色，质柔软；膀胱积有棕褐色至紫黑色尿液。

救治方法：第一，立即停用拌有利巴韦林的饲料，并在饮水中加入10%葡萄糖、维生素C及复合维生素B，自由饮用至无新的病例出现。第二，饲料中添加电解多维、小苏打、维生素C、葡萄糖、维生素B_1等。第三，肌内注射地塞米松5～10毫克，维生素C 5毫升，每天1次，连用2天。严重的猪静脉注射葡萄糖酸钙10～20毫升、安钠咖5毫升。第四，对厌食的猪，静注10%葡萄糖注射液1 000毫升，维生素C 2克，辅酶A250毫克，维生素$B_1$100毫克，每天2次。

173. 常见的疝有几种？引起原因有哪些？

猪的疝气是腹部的肠管从自然孔道或病理性破裂孔脱至皮下或其他腔孔的一种常见病。根据发生的部位不同分为脐疝、腹股沟阴囊疝、腹壁疝3种。引起疝的主要原因如下。

（1）脐疝：多发生在仔猪。主要是脐孔闭锁不全或完全没有闭锁，在有较剧烈的活动时腹腔内压增高，而使部分肠管掉进脐部皮下而形成脐疝。

（2）腹壁疝：主要是由于外界的钝性暴力如冲撞、踢打等作用于软腹壁，使皮下的肌肉、腱膜等破裂，造成肠管脱入皮下，形成腹壁疝。

（3）腹股沟阴囊疝：主要是公猪腹股沟管过大，肠管特别是小肠从腹股沟管掉进阴囊内而发病。有先天性的，也有后天才发生的。

174. 如何治疗脐疝、腹股沟阴囊疝？

（1）治疗脐疝要根据具体情况决定，如果仔猪脐孔较小，脱出的肠管也较少时，只要把肠管还纳腹腔后，局部用绷带扎紧，不使肠管外掉，脐孔可能闭锁而治愈。如果脐孔较大或是发生肠嵌闭时，就需要施行手术闭锁脐孔。手术前要停食1天，手术时病猪仰卧保定，做好术前准备后，手术部剪毛洗净，涂碘酊消毒，脱碘后，用1%普鲁卡因局部浸润麻醉。切开疝囊，一定注意不要损伤疝囊内的肠管。将肠管还纳入腹腔。如果肠管与囊壁有粘连，要仔细进行剥离。连续缝合腹膜，对脐孔肌肉破口用较粗丝线作结节缝合或水平褥式缝合。最后撒布磺胺粉或青霉素粉，皮肤做结节缝合。对于用绷带局部压迫法不能闭合的较小脐孔，也可以采取手术的方法。

（2）治疗猪的腹股沟阴囊疝，特别是嵌闭性阴囊疝，应采用手术疗法，效果比较确实。一般手术和睾丸去势同时进行。手术的方法是将病猪倒吊保定，将阴囊及其周围洗净、消毒，局部麻醉。在阴囊前下方，腹股沟外环上作一与纵轴平行的切口，切口的长度应按照猪的大小，一般5~10厘米，暴露鞘膜后，通过切口分离总鞘膜。若为可复性阴囊疝，将总鞘膜连同睾丸及其鞘膜腔内肠段一起与阴囊分离并拉出切口之外，用手指将鞘膜腔内的肠管还纳腹腔内。如为鞘膜内粘连，可将鞘膜切开，用手指剥离后再还纳腹腔内；若为嵌闭性疝，则须扩大狭窄的内环，根据肠管的情况，对嵌闭性肠管做适当的处理后再送还腹腔。在确认还纳全部内容物后，将鞘膜和精索一起扭转数周后，至腹股沟管外环处结扎精索，在结扎线下方1~1.5厘米切断精索，将断端缝合到腹股沟环上。若腹股沟环仍很大，则必须再作几针结节缝合。皮肤和筋膜分别作结节缝合，切口碘酊消毒。手术后的猪不要喂得过早、过饱，减少运动，很快便可愈合。

175. 母猪生产瘫痪的原因有哪些？

母猪生产瘫痪是指母猪在产前或产后，以四肢运动丧失或减弱为特征的疾病。临床上包括产前瘫痪和产后瘫痪。主要是由于日粮中缺乏钙、磷或是两者比例失调，以及长期不晒阳光，又缺乏维生素 D 等引起。产前瘫痪多在产前数天或几周，突然发生起立与步态困难，肌肉颤抖，前肢爬行，后肢摇晃，驱赶时有尖叫声，逐渐卧地不起，对外界刺激反应很弱或完全丧失。产后瘫痪，多在产后半个月发生，病猪少食或拒食，奶少，后躯无力，站立不稳。继则卧地不起，后半身麻痹。严重病例常有昏迷症状，体温一般正常。

母猪缺钙引起的瘫痪是兽医临床上常见的一种营养代谢性疾病。主要是怀孕母猪由于饲料中含钙物质不足或在产前、产后由于饲料营养搭配不当，摄取的含钙物质不足而发生本病。主要由以下几个原因引起本病。

（1）饲料搭配不当，饲养管理不善，饲料中严重缺乏钙、磷等矿物质，饲料营养物质搭配不均致使猪摄取含钙物质的不足而促使母猪瘫痪。

（2）怀孕母猪腹内的胎儿从母体大量吸取营养物质，致使母体血钙浓度大大降低，如果营养物质特别是钙、磷等元素不能得到及时充分的补充，那么将诱发本病。

（3）产后母猪由于仔猪从母乳中大量汲取营养，仔猪断奶时间过迟，如果营养物质不能得到充分供给，特别是那些含丰富钙、磷等元素的饲料，那么将导致母猪血钙浓度的急速下降，从而诱发本病。

176. 母猪生产瘫痪怎样治疗和预防？

治疗本病可采取以下方法。

（1）病情轻者，用维胶丁钙 4 毫升，一次性肌内注射，隔日 1 次，连用 3 ~5 次，病情如有好转，可酌情减少用药量，对那些有一定食欲和饮欲的病猪，可在饲料中加入骨粉、钙粉，加强营养。

为预防继发感染的发生，可用适量的抗生素对症治疗。

（2）病情较重者，特别是长期卧地不起，体质差、食欲废绝、体表已有褥疮的病猪，可外用抗菌消炎药进行局部治疗。对病情较重的病猪可人工使其翻身，一般每天使其翻身4~6次，预防褥疮的发生。对病猪可用10%葡萄糖酸钙150毫升，耳静脉缓慢推注，或用5%氯化钙注射液20~50毫升，静脉缓慢推注，每天1次用药，连用3~5天，可酌情增减。对食欲废绝的病猪，可采用静脉滴注的方法用药，用5%氯化钙注射液30毫升和5%的葡萄糖生理盐水1 000~2 000毫升，混合静脉滴注，或用葡萄糖酸钙注射液100~200毫升，静脉滴注。对病情重的病猪，在静脉用药的同时，可用维胶丁钙2~3毫升，肌内注射，隔日注射，连用3~5次，可酌情增减。为预防继发感染，可适当选用抗生素药物。

预防本病可采取以下措施。

（1）饲料中添加钙粉、骨粉等矿物质较丰富的原料，可降低本病的发生率。

（2）饲料中钙、磷比例以2∶1为宜，让猪多晒太阳，或补充维生素D。

（3）加强饲养管理，科学合理配制全价营养饲料。

177. 常见猪的肢蹄病有哪些？如何治疗？

猪肢蹄病很容易导致猪跛行，精神委顿，食欲不振，进而消瘦，严重影响养殖效益。常见猪肢蹄病有蹄裂、挫伤、风湿、链球菌和葡萄球菌病等。

（1）蹄裂：指生猪蹄壳开裂或裂缝有轻微出血、蹄尖着地、疼痛跛行、不愿走动，其他症状轻微，但生长受阻、繁殖能力下降。可用0.1%的硫酸锌涂抹，每天1~2次；在蹄壳处涂抹鱼肝油或鱼石脂，可滋润蹄部并促进愈合。若有炎症，可先清除病蹄中的化脓组织或异物，然后进行局部消毒，氨苄青霉素+链霉素用注射用水溶解后，肌内注射，每天2次，连用3天。也可用头孢噻呋钠等药物。

（2）挫伤：指肢蹄受到打击、斗咬、冲撞、跌倒等钝性挫伤，局部皮肤无伤口。轻度的病初肿胀不明显，以后肿胀坚实明显，体温升高，有时疼痛跛行，严重的受伤部位迅速肿胀、疼痛剧烈。当发生组织炎和坏死时感觉消失、运动障碍。将患部剪毛后消毒，用生理盐水冲洗患部，再用鱼石脂软膏涂于患部，或涂布龙胆紫、碘酒。

（3）风湿：由于潮湿、寒冷、运动不足等诱因，引起病猪表现为突然发病、患部肌肉或关节疼痛，走路跛行，弓背弯腰，运步小心，运动一段时间后跛行可减轻，不愿走动，体温36～39.5℃，呼吸、脉搏稍增，食欲减退。首先，避免猪受风、寒、潮湿的侵袭；其次，用2.5%醋酸可的松5～10毫升，肌内注射或用醋酸波尼松龙3～5毫升，关节注射；也可用镇跛宁5～10毫升、普鲁卡因青霉素按猪体重5万单位/千克混合肌内注射，或用阿司匹林3～5克内服，每天2次，连用7天。

（4）由链球菌和葡萄球菌引起的关节肿大、跛行等。用青霉素链霉素合剂，肌内注射，每天2次，连用3天。也可用磺胺甲嗪或磺胺－6－甲氧嘧啶，按猪体重每千克首次量0.1克、维持量70毫克，肌内注射，每天1次，连用3天。在关节肿病例较多时，应在饲料中添加磺胺或阿莫西林类药物预防。

178. 母猪产后不食的原因有哪些？

母猪产后不食是多种原因引起的一种症状，结合临床，根据不同类型采取不同的方法进行治疗，可收到较为满意的效果。发病原因主要有如下几种。

（1）助产不当，发生产后细菌感染，如阴道炎、子宫炎、败血症等。

（2）猪产床及圈舍消毒不严，经乳头感染病菌，发生乳头炎、乳房炎。

（3）母猪产程长，产后衰竭引起，或者炎夏温度过高，导致母猪呼吸加速，冬季寒冷引发感冒引起不食，多发生于胎次多和产仔多的母猪。

(4) 产后胎衣不下，产后瘫痪引起全身机能障碍，引发母猪不食。

(5) 孕期饲养管理差，饲料中的营养单纯，缺乏某种维生素和矿物质，尤其是钙磷比例失调最为多见。或是怀孕后期，矿物质缺乏引起产后疾病，消化功能紊乱引起不食。

179. 母猪产后不食的主要表现是什么？

母猪产后不食的表现主要是开始少吃不饮，体重逐渐下降，被毛粗乱，肋骨可数，皮肤无弹性，可视黏膜淡红至苍白，不愿走动，强迫行走则会出现步样蹒跚，心跳加速，肠音废绝，排粪迟滞，多数患猪体温基本正常。有的后期出现呼吸急促，可视黏膜发绀，有的长期卧地不起，出现耳和腹下大面积紫斑，严重卧地不起病情恶化。如不及时治疗，终至死亡。一般产后第一天就表现食欲减退，采食量逐渐减少的，4~5 天后食欲废绝（约占 50%）；分娩后没有食欲，每天仅能吸食少量的饮水（占 25%）；分娩后 3~5 天食欲基本正常，然后逐渐减退至废绝（占 18%）；产后 15~20 天开始出现食欲减退，最后废绝（占 7%）。

(1) 因过度劳累及感冒引起的不食：躺卧不动，精神沉郁，眼半闭，畏光流泪，耳尖鼻端发凉，皮温不整，体温升高，呼吸细弱，勉强站立，行走无力，食欲不振。

(2) 营养不足导致应激引起的不食：抵抗力低下，饲料转化率低，泌乳量减少，尾巴、四肢和背部肌肉震颤，呼吸不规则，皮肤呈现苍白、红斑或发绀。

(3) 产后衰竭引起的不食：营养不良，被毛粗乱，体温正常或稍低，皮温不整，四肢末梢发凉，行走摇摆，不愿站立，后期肢端浮肿，心跳加速，肠音完全停止，排粪迟滞。

(4) 产后瘫痪引起的不食：最初表现为动作障碍，四肢僵硬，弓腰，卧地不起，虽然能挣扎，但行走困难，病猪异嗜，食欲减退或废绝，粪便干燥。

180. 母猪产后不食怎么办？如何预防？

发现母猪产后不食后，应采取有效的措施进行治疗。

（1）过度劳累及感冒引起不食：用10%的樟脑10毫升1支，肌内注射；复合维生素B10毫升2支，肌内注射，2克氨苄青霉素2支，用注射用水稀释，肌内注射，每天2次。安乃近20毫升，肌内注射。

（2）因产道感染不食者：肌内注射氨苄青霉素2克、链霉素100万国际单位，混合，一次肌内注射。严重者，可同时在另侧肌内注射磺胺嘧啶20～40毫升，每天2次。连用3天。

（3）因乳房炎而引起不食者：可在硬肿乳房周围分点注射氨苄青霉素2克，安痛定20毫升，0.25%盐酸普鲁卡因10毫升进行封闭治疗。

（4）因产后衰竭不食者：可用25%～50%葡萄糖200～500毫升、维生素C10毫升、氨苄青霉素2.5克，一次静注；氢化可的松加糖水，静注；同时加喂干酵母片，复合维生素B、人工盐、苏打片等。在中药治疗上，以补气养血，健脾开胃，促进食欲为原则，处方为党参、白术、黄芪各15克，云苓、当归、熟地、川芬、白芍、甘草、三仙各10克，陈皮20克，水煎浓汁，每日1剂，3～5剂即愈。

（5）因营养性缺钙及磷造成产后瘫痪引起不食者：可用10%的葡萄糖酸钙250毫升；25%的葡萄糖500毫升，静脉注射。0.5克的葡萄糖酸钙一次喂8片，每天3次，连喂一周，同时在饲料中补加骨粉。

（6）营养不足应激引起者：适量添加抗氧化剂（维生素E、维生素C、微量元素硒、锌等），还可添加益生素等抗应激添加剂，对已应激的母猪可用镇静药进行治疗。

为了避免母猪产后不食的出现，保障母猪的健康，确保仔猪的成活率，必须做好预防工作。

（1）接产前做好消毒准备工作，产房可用百毒杀、聚维酮碘、戊二醛、0.3%～0.5%过氧乙酸或2%～5%的火碱水进行消毒；产前要将猪的腹部、乳房及阴户的污泥清除，然后用百毒杀、聚维酮碘、0.1%高锰酸钾进行消毒；助产人员进行助产时，应剪磨指甲，用肥皂、新洁尔灭洗净、消毒手臂，手术后，母猪应注射抗生素或其他抗炎症药物。

（2）对于产程长的母猪，在产程后期母猪无力产仔时，用10%葡萄糖注射液500～800毫升，静脉滴注，同时用垂体后叶素10万～30万单位，肌内注射进行催产，以防产后疲劳乏力，影响采食。

（3）改善猪舍环境卫生，在母猪分娩前后，猪圈内温度要适宜，光照要充足，空气要流通，地面应保持清洁干燥，经常消毒，并做好防寒工作。可在母猪产后1～2小时及时注射青霉素或氨苄青霉素、头孢噻呋钠+链霉素等长效抗生素，可有效预防产后几天发热不食发生。

（4）饲粮配合要有科学性，注意日粮中可消化钙磷等矿物质的补充，添加量一般为食盐1.5%，骨粉2%。适当地增加母猪活动量，促进消化，促进胃肠蠕动，增加消化液分泌，使形成的粪便利于排出。

（5）产前一周开始减料，不可喂大量浓厚精饲料。产后喂料时不能一次投大量饲料，应逐渐增加饲喂量，达到正常采食。

（6）产前和产后7～10天，饲料中加入2%～4%的植物油，增加肠道润滑；或多加入一些麸皮（麸皮中含有丰富的植酸磷，具腹泻作用）防产后便秘；还可加入适量硫酸镁为泻药，内服后离解出不易被肠黏膜吸收的硫酸根离子，由于渗透压作用，使肠壁增强蠕动，软化粪便，促使泻下。

181. 如何防治母猪肠道性乳房炎？

引起肠道性乳房炎的肠道菌主要包括艾希氏菌属、克雷伯氏菌属、肠杆菌属和枸橼酸菌属，这些细菌普遍存在于母猪和周围环境中，并且随时能够污染乳头，如果环境温度适宜，它就可能迅速繁殖并导致母猪发病。通常在母猪分娩后1~2天，有时在第三天发现最初症状，患猪体温上升，但很少超过42℃，精神沉郁，虚弱无力，对仔猪漠不关心，胸部伏地，严重者僵直，不能站立，甚至昏迷。饲料和饮水消耗量下降或食欲废绝。仔猪频繁吸乳，并不断变换乳头，啃食垫草并舐吃地上的尿液；吸过乳后，仔猪间不是相依而卧，而是到处游走。防治本病的措施如下所述。

（1）分娩前给母猪急剧减料是一个行之有效的方法，同时，改善饲养条件，使躺卧处无粪便和使用含肠道菌较少的垫料，可以减少肠道性乳房炎的发生。

（2）药物预防是必不可少的，从母猪妊娠112天开始，按每150千克体重每天投服2次0.4克磺胺三甲氧苄啶、1克磺胺二甲基嘧啶和1克磺胺噻唑拌入少量饲料中，单个给母猪饲喂，连用4天，可使发病率从30%下降到12%。

（3）猪发病后，可用新霉素、四环素进行治疗，但在母猪泌乳下降前，一般不必采取治疗措施。另外，给母猪注射糖皮质激素可使仔猪死亡率明显下降。对内毒素所致泌乳下降的母猪，重复静注催产素（30单位）能明显增加仔猪摄奶量。当仔猪吃奶不足时，应特别注意防寒，减少应激因素对仔猪的影响，从而提高仔猪的抵抗力。

182. 哪些原因会引起断奶后母猪不发情？

（1）营养不良。常见的营养不良为饲料长期单调、质劣或缺乏必要的氨基酸、矿物质和维生素等。猪缺乏钙、磷时不发情，严重时完全丧失生育力。缺硒使维生素E合成受阻。维生素A缺乏可影响生殖激素的合成，使子宫内膜上皮细胞及卵泡上皮变性，造成不发情或不排卵。维生素E缺乏可使妊娠中断，造成死胎或隐性流产。维生素B族缺乏使生殖腺变性，并使发情周期失调。

（2）母猪泌乳过多或断奶过迟。催乳激素分泌过多，抑制促黄体素的分泌减少，使卵泡不能最后发育成熟，从而不能发情排卵。仔猪吸乳刺激可使脑垂体对来自乳腺神经的冲动反应加强，使卵巢的机能受到抑制。

(3) 环境影响。母猪的生殖机能与日照、气温、湿度以及其他外界环境都有密切关系，这些因素可以协同对发情发生影响。

(4) 母猪患某些繁殖障碍性疾病。如乙脑、伪狂犬、布病、蓝耳病、钩端螺旋体病、附红细胞体病、子宫疾病（积脓等）、卵巢疾病（如卵巢静止、萎缩、硬化和持久黄体等）。

(5) 母猪患某些消耗性疾病。如结核、血液性疾病（附红细胞体、焦虫病等）、胃肠疾病（腹泻、便秘、溃疡、蛔虫）等。

183. 断奶后母猪不发情有哪些应对措施?

(1) 应使初产母猪断奶时保持一定的体重。要使初产母猪的断奶后能尽快发情，必须使母猪在断奶时保持一定的体重。随着母猪断奶时体重的增加，断奶后正常发情（8 天之内）比率不断提高。初产母猪初配体重应在 120 千克以上（120～130 千克为宜）。分娩时体重较大的初产母猪，即使它们泌乳的失重和体脂失重较大，其断奶后发情仍比体重较小的青年母猪早，表明了初产母猪分娩时的体重是非常重要的。因此，为提高生产能力，可提高母猪初配时的体重。

(2) 对哺乳仔猪实行早期断奶。仔猪断奶窝重大，将会延长母猪断奶至配种时的间隔天数。仔猪断奶窝重越大，母猪断奶时体重越轻，从而导致损失天数越多。因此，在生产实践中，应对仔猪适时断奶，以保证母猪断奶时体重。

(3) 产后采取少量多饲或自由采食的饲喂方法。采用本方法可使母猪摄入大量营养，使之在整个泌乳期内失重控制在 20 千克以内，就能确保断奶后正常发情。

(4) 加强运动。对于断奶后过于肥胖的母猪，在断奶前后都要少喂全价配合饲料，多喂青粗饲料，加强运动，使其恢复到适度膘情，以保证及时发情配种。

(5) 公猪诱导法。常用试情公猪追爬不发情的空怀母猪，公猪分泌的外激素气味和接触刺激，能促使母猪发情排卵。另一种有效的方法是，播放公猪求偶声录音磁带，利用条件反射，连日试情，效果较好。公猪精液法：公猪精液按1∶3稀释后，取1~3毫升喷于母猪鼻端或鼻孔内，经4~8小时即表现发情，12小时达发情高峰，16~18小时配种最好，受胎率达95%。公猪尿液中含外激素，能刺激母猪脑垂体产生促性腺激素，促进卵泡成熟排卵。输精前令母猪嗅闻公猪尿液2~3分钟，再将输精管插入阴道内，来回抽动刺激阴道壁及子宫颈2~3分钟后，再注入精液，能使受胎率提高16.7%，平均窝产仔数多2.11头。

（6）合群并圈。把不发情的空怀母猪合并到发情母猪的圈内饲养，通过爬跨刺激、发情母猪外激素的刺激，促使空怀母猪发情排卵。

（7）按摩乳房。对不发情的母猪可采用按摩乳房促进发情。方法是每天早晨吃食后，用手进行表层按摩每个乳房，共10分钟左右，经过几天母猪有了发情表现后，再每天进行表层和深层按摩各5分钟。配种当天深层按摩约10分钟。

（8）用激素催情。人绒毛膜促性腺激素（HCG）：一次肌内注射500~1 000国际单位，如将HCG 300~500国际单位与孕马血清促性腺激素（PMSG）10~15毫升混合，肌内注射，不仅诱情效果好，而且可提高产仔数0.6~0.9头。孕马血清促性腺激素（PMSG）：对不发情的母猪，在耳根皮下注射3次（5~10毫升、10~15毫升和15~20毫升），注射后4~5日即可发情；也可肌内注射孕马全血，10~15毫升/次，每日1次，连用2~3次。

（9）在母猪日粮中，每天补给400毫克维生素E，饲喂1周后给母猪肌内注射5毫升己烯雌酚，一般注射2~3天后，即可发情配种。

184. 后备母猪不发情的原因和处理方法有哪些？

后备母猪不发情的现象在猪场的日常管理中经常碰到，原因有许多，具体有以下几个方面。

（1）先天性生理发育不全：这样的后备母猪已经没有价值，

应该坚决淘汰。

(2) 繁殖性疾病：如蓝耳病（又称猪繁殖与呼吸综合征）、细小病毒病、流行性乙脑等，后备母猪感染这些病后，生殖系统受到侵害，而不易发情。如果后备母猪留种用时，感染了以上疾病，也应淘汰，没有利用价值。因此要做好细小病毒病、猪瘟、伪狂犬、口蹄疫、乙脑的免疫，根据情况适时免疫蓝耳病。

(3) 环境因素：特别要注意热应激，在夏天如果猪舍的降温不好，后备母猪不易发情。应给后备母猪一个舒适的环境，做到夏天降温，冬天保暖。

(4) 营养水平：要保证后备母猪得到均衡的营养，让后备母猪处于最佳的生理状态。对营养水平差的猪场，应在饲料中添加多种维生素（主要是维生素 E）和氨基酸，或补充亚硒酸钠和铁制剂，促进后备母猪发情。

(5) 防饲料霉变：现在猪场饲料都有不同程度的霉变，因为玉米有时在收割以前就已发霉。据统计，市场上 80% 以上的饲料原料有不同程度的霉变。后备母猪受到霉菌毒素的伤害，就会表现假发情或不发情的症状。饲料中应该加入脱霉剂，还可以清理体内的垃圾，早日促进后备母猪的发情。

(6) 隐性发情：目前许多猪场都存在这个问题，发情不明显或安静发情。这就需要技术人员仔细观察，把握准确时间进行配种。

(7) 后备母猪在排除以上原因仍没有发情的，要挑出来集中处理。一般采取以下几种促进后备母猪发情的办法，但这些方法并不是孤立的，可以同时进行，要根据猪场的实际情况，来选择使用。若后备母猪仍未有发情征兆，且年龄达到 8 月龄以上，体重超过 130 千克，应坚决淘汰，不得留作种用。

① 合群调圈，不同圈的合在一起，并每周不间断地调到不同圈舍。

② 后备母猪每天短时间与不同的公猪接触刺激。

③ 与发情的母猪混关在一起，通过发情母猪爬跨、拱咬来

刺激。

④ 饥饿疗法与催肥疗法相结合，断料 24～48 小时，供给充足饮水，再敞开饲喂 24～48 小时。对过肥母猪可限饲 3～7 天，日喂 1 千克左右，然后自由采食。

⑤ 完善催情补饲工作。从 7 月龄开始，根据母猪发情情况认真划分发情区和非发情区。将一周内发情的后备母猪归于一栏或几栏，限饲 7～10 天，日喂 1.8～2.2 千克/头；优饲 10～14 天，日喂 3.5 千克/头，直至发情、配种；配种后日喂料量立即降到1.8～2.2 千克/头。这样做有利于提高初产母猪的排卵数。

⑥ 运动疗法。把后备母猪赶入运动场增加运动量，并且混入几头经产母猪或一头善于查情的公猪一起，以利用经产母猪和公猪的刺激，促进其发情。

⑦ 激素疗法。通过各种方法仍不见效的情况下，可进行激素处理，一般氯前列烯醇 200 微克、律胎素 2 毫升、孕马血清促性腺激素 1 000单位 + 绒毛膜促性腺激素 500 单位、PG600 处理 1 次（1 头份）。

185. 引起母猪不孕症的原因有哪些？如何防治？

母猪不孕症是母猪生殖机能发生障碍，引起暂时或永久不能繁殖的疾病。主要是由于母猪营养不良，性机能减退，发情失常或不发情；母猪过肥造成内分泌活动失调；母猪过老，卵巢发生进行性萎缩，性机能减退或消失，以及慢性子宫内膜炎和卵巢囊肿，阴道炎等所致。母猪表现发情无规律，或是长时间不发情，性欲缺乏或显著减退，无明显的发情征候。有的虽然发情正常，但屡配不孕。

针对母猪不孕的情况，应采取有效防治措施。

（1）应及时治疗和有效预防子宫炎。药物可选用强力宫康 1 号、3 号、产后康或宫炎康进行治疗，预防可选用强力宫康 3 号栓剂。

（2）掌握正确配种时机。

（3）掌握公猪使用频率，不要过于频繁。一般公猪每天使用

1～2 次，隔天使用一次，让公猪充分休息一天，并加强营养供应（使用专用的种公猪饲料，每天喂食 2 个鸡蛋）和适当的运动。

（4）人工授精时精液的保存、处理要得当，掌握熟练的输精技术。

（5）选用易消化吸收的饲料原料，添加母猪必需的维生素及微量元素，根据母猪各阶段的营养需要，通过合理配伍满足母猪的营养需要。

（6）对母猪建立合理的饲养管理制度，防止母猪过肥或过瘦；老龄母猪不宜做种用时，应及时淘汰育肥；对有生殖器官疾病的母猪，应及早治疗，对久治不愈者予以淘汰。

（7）对不发情或发情不正常的母猪，可肌内注射三合激素注射液 2～4 毫升或绒毛膜促性腺激素 500～1 000单位；或苯甲雌二醇注射液 2～4 毫升，或孕马血清 10～15 毫升。

（8）在产前 5～7 天，可补充维生素 E—亚硒酸钠合剂和铁制剂。

186. 母猪返情率比较高，是不是由于母猪炎症造成的呢？造成炎症的原因有哪些？如何治疗？

母猪返情率比较高的原因很多，母猪炎症只是一个主要的因素。其实许多猪场的返情率如果把带有炎症的猪去除了的话都不会高，甚至可以说很低。

（1）造成母猪炎症的原因主要有以下几个因素。

① 产房消毒不到位。这个在许多猪场基本都存在，母猪在产房生产时因为难产、接生掏猪或刮伤等引起出血等，产后消毒不到位等其他外源感染等。

② 母猪舍卫生太差。不管是产房还是配怀舍卫生太差都易出现炎症。

③ 环境潮湿。

④ 配种前母猪的阴门没有消毒或没清洗干净（尤其注意用湿毛巾擦洗的时候，因为母猪发情的时候，子宫收缩，用太湿的毛巾

擦洗的时候易被吸进阴道）。

⑤ 配种后母猪输精管长时间没拔。

⑥ 饲料原因，比如霉菌毒素。

⑦ 疾病原因。

（2）母猪炎症的治疗原则就是冲宫、水针消炎、中药、激素四种，再加上运动，一般常用水针＋冲宫。最好方法是在发情的时候用“前列烯醇＋水针＋冲宫”，这个比不发情的时候使用效果好很多。当然为考虑到猪价的问题，如果有能力还是把太严重的母猪淘汰了好。

187. 什么原因可导致母猪流产？如何避免？

在养猪生产中，导致母猪流产的原因有很多，主要有以下几个方面。

（1）疾病：由某些传染病和寄生虫病，或因母猪生殖器疾病及机能障碍，如严重大出血、疼痛、腹泻等，使胎儿或胎膜受到影响而引起流产。

（2）饲养管理不善：由于饲料饲喂量不足和饲料营养价值不全，尤其是蛋白质、维生素 E、钙、镁的缺乏，使胎儿营养物质代谢发生障碍或因突然改变饲料配方，使妊娠母猪一时不适应而引起流产。母猪因跌摔、碰撞、挤压、踢跳、鞭打、惊吓等，使子宫及胎儿受到冲击震动，或因长期饲养在阴冷、潮湿的环境中造成流产。

（3）怀孕母猪过肥：过肥母猪的子宫周围沉积的脂肪较多，压迫子宫，造成供血不足等所致。

（4）近亲繁殖：公、母猪高度近亲繁殖，致使胚胎生命力下降引起流产。

（5）习惯性流产：因母猪前一胎流产后，对子宫处理不彻底，引起内分泌机能紊乱等所致。

（6）药物及中毒：给怀孕母猪使用子宫收缩药、泻药及利尿药等所致。或因母猪采食发霉、变质饲料，有毒植物、饲料及农药中毒等，均会引起流产。

避免母猪流产的措施如下所述。

（1）母猪怀孕后可根据各妊娠期的营养需求，给予数量足、质量高的饲料。

（2）严禁饲喂腐败、冷冻及有毒饲料，饲喂要定时定量，防止饥饿、过渴而出现暴饮、暴食。

（3）母猪怀孕期要防止挤压、碰撞、跌摔、踢跳、鞭打、惊吓。

（4）保持栏舍干燥，冬季要保温防寒，夏季要降温防暑。

（5）合理选配，防止偷配、乱配和近亲繁殖。

（6）对母猪要定期检疫，预防接种和驱虫。重点预防猪瘟、猪细小病毒病（后备猪）、猪乙型脑炎、猪蓝耳病、猪圆环病毒病、猪口蹄疫和猪伪狂犬病等疾病，每年春秋两季进行猪布病的检疫，阳性猪必须淘汰或扑杀。对有遗传缺陷、习惯性流产和医治无效的母猪要淘汰。

188. 猪胚胎死亡的原因有哪些？

猪胚胎死亡是影响猪繁殖率的重要因素之一。胚胎死亡较常见，且胚胎在发育的任何时期都有可能死亡，特别是在胚胎向子宫内膜附植之前或附植过程中，即妊娠识别的最关键时期。当母猪处于不良环境、营养缺乏、受疾病侵害等时候，胚胎死亡更为严重。母猪第一个胚胎死亡高峰是合子附植初期9～16天，胚胎易受各种因素影响，死亡率在40%～50%；第二高峰是配种后第3周，死亡率为30%～40%。但在一般情况下，少部分胚胎死亡，不会影响妊娠的正常进行。引起猪胚胎死亡的原因主要有以下几个方面。

（1）遗传因素：近亲繁殖是导致猪胚胎死亡的重要原因之一。同种公母猪之间的差异程度越小，胚胎死亡就越大。因为近亲繁殖可导致受精亲和力低，胚胎生命力弱。

（2）营养因素：一般情况下，长期低营养水平或某些营养成分缺乏，不仅会降低排卵数和受精率，而且会导致胚胎死亡。母猪配种后1~3天胚胎死亡最为严重。配种后7天内如适当限制饲喂（采食量控制在自由采食量的50%~60%）可以减少胚胎死亡。但限饲会使妊娠母猪因饥饿而产生恶痛，而且还使消化道内容物在肠道内存留的时间延长，产生的有害气体（如氨气、硫化氢等）被吸收进入血液循环引起胚胎死亡。

妊娠早期严重营养不足，有一部分胚胎因得不到营养而死亡。对体况良好的母猪给以高采食量会增加胚胎死亡；因此，应按照每头母猪的体况来调整妊娠早期的采食量。

妊娠期和泌乳期采食量都很低的母猪，则具有较少的胚胎数和较高的死亡率。

初产母猪若在泌乳期间，体重下降幅度较大或体况下降较大，再配种的间隔就会延长，妊娠率和胚胎存活率都会下降。

维生素A缺乏，则降低铁的吸收和血清中孕酮水平，从而提高胚胎的死亡率。缺乏维生素E会导致繁殖机能紊乱，使母猪胎盘及胚胎血管受损，引起胚胎死亡。叶酸缺乏也导致胚胎死亡和胎儿畸形。

此外，矿物质元素如硒、锌等严重缺乏，以及发霉、腐烂、变质、冰冻饲料中的有毒物质都可引起胚胎死亡。

（3）环境因素：环境影响来自母体的内环境（胚胎的直接环境）和母体的外环境两个方面。胚胎数目对胚胎能否存活至关重要。每一胚胎只有在一定的空间内才能正常发育。胚胎数量增加将降低每一胚胎附植点的血液供应量，从而限制了胎膜的发育，最后导致胚胎死亡。猪由于胚胎拥挤而致死亡常见于母猪胚胎数过多时。胚胎数太少，不足以维持妊娠，因胚胎产生的激素不足，母体妊娠识别发生障碍，子宫的溶黄体物质继而引起黄体退化，最终导致胚胎死亡。

母体的外环境对胚胎虽是间接影响，但高温、换圈、拥挤、恐吓、追打等通过对母体的生理状态产生不良影响也会造成胚胎死亡。

环境温度过高，猪体单纯依靠物理调节散热不能维持体热平衡，必须动用化学调节散热，从而导致机体内分泌发生一系列的变化所致。若温度超过 30℃，胚胎死亡率较高。因此，配种后 3 天至两周（尤其是在配种后 11 ~ 12 天），在 32 ~ 39℃ 环境中即使待上 24 小时，也会引起胚胎死亡，同时存活率降低 35% ~40%。

舍内有害气体（如氨气、硫化氢等）可以使妊娠前两周的母猪胚胎死亡率显著升高。胚胎着床时母猪是否有疾病或配种后10 ~ 20 天母猪有否相互争斗等，都可影响胚胎的死亡率。25% ~30% 的胚胎死亡是由外环境所造成。

如果母猪配种后必须换圈，应在配种后最初 72 小时内或在配种后 28 天进行，否则会造成胚胎着床前或混群时的应激，导致胚胎死亡。

（4）泌乳因素：母猪泌乳期内不会发情受胎，但如在泌乳期第 7 天，实行早期断奶，然后配种，妊娠 9 ~ 20 天，胚胎死亡严重。因此，哺乳期不足 21 天的母猪的胚胎成活率较低。泌乳对胚胎发育的有害作用可能在于妨碍胚胎的附植，也可能与子宫内膜的复原有一定关系。

（5）内分泌因素：母猪配种后 21 天，内分泌系统处于调整状态，如此时猪受到应激因素影响，会干扰内分泌激素的分泌，从而影响胚胎附植，增加胚胎死亡率。母猪配种受孕后，如果雌激素和孕酮分泌失调且比例失衡，则导致黄体溶解，影响胚胎的正常附植，继而胚胎死亡。对发育不全的胚胎，其内分泌功能不足，以对抗子宫溶黄体物质的溶黄体作用，致使孕酮含量下降，妊娠终止，胚胎死亡。

（6）公猪因素：胚胎死亡原因中有一部分来自公猪。精子携带的遗传物质、精子质量、精子和卵子之间以及胚胎和母体之间，可能存在的不亲和性都会影响胚胎的生命力和发育。精液能影响胚胎的早期发育。配种 4 天后，本交的母猪胚胎发育程度高于人工授精的。猪精液常温保存 3 天以上进行人工授精，会使受精胚胎早期死亡。精子异常或异常受精，如多精子受精或含有两个雌性原核卵的单精子受精都会造成胚胎早期死亡。

(7) 免疫学因素：在猪方面，已证明某些血型和血液中的子宫转铁蛋白与胚胎死亡有关。免疫接种对胚胎的影响也十分明显。一般情况下，妊娠前4周的母猪禁止注射疫苗，若需免疫应在4周后补免，否则会引起胚胎死亡。

(8) 母猪年龄与体重：初产和怀胎5次以上的母猪胚胎死亡率较高。同时，初配体重较大的母猪（150千克以上）受胎率降低，胚胎死亡严重；而体重较轻的母猪（120千克）不但胚胎死亡率低，而且在泌乳期体重损失较小。

(9) 疾病因素：生殖器官幼稚型和畸形，子宫疾患以及危害生殖力的传染病都能直接或间接对胚胎产生不同程度的影响。微生物是损害母猪繁殖力的重要原因。妊娠母猪感染某些病毒和细菌时，会导致体温升高（40～41℃）、食欲减退或废绝等症而引起胚胎死亡。伪狂犬病病毒、猪瘟病毒、日本乙型脑炎病毒、猪细小病毒、猪蓝耳病病毒等均可引起胚胎死亡和干尸化。钩端螺旋体、葡萄球菌、巴氏杆菌和布氏杆菌可引起胚胎死亡。

189. 造成分娩母猪经常出现死产的原因和解决方法是什么？

在养猪生产过程中，分娩头数增多的同时也伴随着死产数量的增加。通常，我们的目标是将死产头数控制在总产仔数的3%～5%，但死产头数往往超出这个目标值。人们都试图通过恰当的营养设计和饲养管理来增加仔猪的初生重。在这种情况下，母猪在分娩时如果没有必要的人工辅助，一些很细小的问题都可能导致母猪难产，甚至死产，使事态恶化。从发生的时间看，死产可分为3种：一是发生在分娩之前，在分娩前死亡的仔猪，肺部呼吸停止；二是发生在分娩过程中，分娩中死亡的仔猪，肺部呼吸停止；三是发生在分娩后，肺部虽有呼吸，但呼吸不正常，导致死亡。造成分娩母猪出现死产主要有以下几个原因。

(1) 母猪胎次：高胎次的母猪，肌肉收缩力衰减，子宫收缩机能也比较低，导致分娩时间延长。尤其是多产品系的母猪，由于产仔过多，后期的生产性能可能会受影响。一般整个母猪群的平均死产率约为8%，第7胎母猪的死产率甚至能达到20%～55%。由此可见，母猪在第6胎之后就应考虑予以淘汰。

（2）母猪过肥或过瘦：母猪既不能太肥也不能太瘦。体型外貌的选择：一般由体重、体高、体长、奶头、四肢、阴户、毛色、耳型、丰满程度、健康状况等进行选择，每个性状以5分制评分（下等为1分、中下等为2分、中等为3分、中上等为4分、上等为5分），配种时的体况评分应以3分为宜，二胎母猪的背膘厚应有16毫米。

（3）产仔数：产仔数增多，死产头数也会随之增加。而且产仔数增加会使分娩时间延长20～40分钟，甚至更多。而在分娩过程中，最后分娩出的仔猪最容易受到伤害。所以，这就要求分娩舍的饲养管理人员对临近分娩结束的母猪给予特别的照顾。

（4）饲喂：母猪饲料中，也应投放能够缩短分娩时间的能量补充剂。饲喂麦麸等高纤维食物有物理性清肠功能，对母猪顺利分娩大有好处。

190. 催产素除了促进分娩，还能治疗母猪产后一些疾病吗？

催产素除了促进分娩，还可以治疗母猪产后一些疾病。而且效果佳。

（1）母猪子宫内膜炎：母猪产后常由于子宫壁受损、细菌感染或胎盘组织残留而导致子宫内膜发炎，其临床特征为恶露不尽，产道分泌物增多。传统治疗母猪子宫内膜炎采用的是清洗子宫配合药物疗法，往往疗程长，效果差。若肌内注射3～5支催产素（一次量），轻症者用药一次即可将子宫内的污物全部排出，且其子宫收缩、复原得较快，重症者用药2次即可痊愈。如果将其与抗菌消炎药和清热镇痛药合并使用效果更佳。

（2）初产母猪产后出血：初产或年老体弱的母猪产后常发生产道或子宫出血现象，使用具有止血作用的催产素治疗效果明显好于其他止血药。治疗量为3～5支，每天一次，用药至不出血为止。若配合使用抗菌消炎药效果更好。

（3）初产母猪产后无奶：使用3～5支催产素，每天一次，连用3天，其催奶效果远远好于其他催奶药。

使用催产素治疗母猪产后疾病时，应严格掌握用量，且用药越早效果越好。

191. 如何预防母猪子宫内膜炎?

猪产后患子宫内膜炎主要是由于胎衣不下、难产、子宫脱出及助产时消毒不严等感染了葡萄球菌、链球菌或大肠杆菌等而引起。急性病猪阴道内流出污红褐色或脓性分泌物。病重猪分泌物呈红褐色，有臭味，病猪常呈排尿姿势。慢性患猪症状不明显，不定期从阴道排出浑浊的黏性分泌物，发情不正常，有时假发情，屡配不孕。治疗本病主要是应用抗菌消炎药物，防止感染扩散，并促进子宫收缩，消除子宫腔内的渗出物。

（1）为清除子宫内的渗出物，可每天应用消毒液冲洗子宫一次，如0.1%高锰酸钾溶液，0.05%新洁而灭等。导出冲洗液后，向子宫腔内注入抗生素，如土霉素或青霉素等。

（2）为防止感染扩散，应全身应用抗生素及磺胺类药物，可肌内注射青霉素、链霉素或静脉注射新霉素、四环素。磺胺类药物以选用磺胺二甲基嘧啶为宜，但用量要大并连续使用，直到体温降至正常2～3天为止。

（3）为增强机体抵抗力，可静脉注射糖盐水；补液时可添加5%碳酸氢钠及维生素C，以防止酸中毒及补充所需的维生素。

192. 母猪难产的原因有哪些?

母猪难产的原因有母猪和胎儿两个方面。

（1）母猪方面的原因。

①产道狭窄性难产：多见于初产母猪，由于初产母猪配种怀孕后还处于生长发育阶段，骨盆口太小，虽然母猪经强烈的子宫收

缩，但胎儿排不出子宫口造成难产。

② 产力虚弱性难产：多见于体弱、疾病、高胎次或产仔多的母猪。由于疲劳造成子宫收缩无力，无法将胎儿排出产道，引起难产。

③ 膀胱积尿性难产：多见于体弱、疾病等原因引起膀胱麻痹，尿液不能及时排出，膀胱积聚大量尿液，挤压产道引起的难产。

④ 外界刺激引起的应激性难产：多见于初产、胆小的母猪，由于受到突然惊吓或分娩环境不安静等外界强烈刺激，起卧不安，子宫不能正常收缩，引起难产。

⑤ 母猪过于肥胖、产道畸形、有疾病或发育不良也可以引起难产。

（2）胎儿方面的原因。

① 胎儿过大性难产：多见于母猪产仔太少，胎儿发育过大引起难产。

② 胎位不正性难产：多见于胎儿在产道中姿势不正堵塞产道引起难产。

③ 畸形胎儿性难产：胎儿畸形不能顺利通过产道引起难产。

④ 死胎性难产：胎儿在母体内死亡时间较长，引起胎儿水肿、发胀造成难产。

⑤ 两头胎儿同时进入产道引起难产。

（3）其他原因：助产过早、过频、操作粗鲁以及用药不当，如过早应用子宫收缩药，产道润滑剂用量过少、过大等。

193. 母猪难产怎么办？

（1）个体治疗：发生难产时，先将该母猪从限位栏内赶出，在分娩舍过道中驱赶运动约 10 分钟，以调整胎儿姿势，此后再将母猪赶回栏中分娩，不能奏效的再选用药物催产或施助产术。

首先检查难产母猪骨盆腔与产道的状态，排除仔猪娩出通道的障碍。若直肠中充满粪球压迫产道，应先以微温热的矿物油或肥皂水软化粪球并掏尽。若膀胱积尿而过度充盈向上顶而突入产道，应以手指反复轻压刺激膀胱壁，诱其排尿；或强迫驱赶该母猪起立运动，促其排尿；必要时用导尿管导除尿液。若有仔猪到达骨盆腔入口处或已入产道，在感觉其大小、姿势、位置等情况下，应立即行牵引术。

① 药物催产：确诊产道完整畅通后即用药物催产。建议每隔20～30分钟，肌内或皮下注射30～50单位催产素（缩宫素）。为了提高缩宫素的药效，可选择性使用雌激素，即在用缩宫素前，预先肌注雌二醇10～20毫克或其他雌激素制剂。

② 人工助产：人工助产的方法有徒手牵拉法和器械助产法。人工助产时，工作人员要剪短指甲，除去指甲边缘的积垢并磨光指甲边缘，用0.1%的高锰酸钾浸洗手掌、手臂和母猪外阴部，手掌、手臂涂上肥皂或石蜡油，五指并拢呈圆锥状，慢慢旋转伸入母猪产道内，母猪努责时停止伸入，检查引起难产的原因。助产牵拉切不可用力过猛，以免损伤母猪产道或引起产道脱出。助产结束后肌注或子宫内放置抗菌消炎药，用一次性输精管吸取0.1%高锰酸钾溶液冲洗，每天一次，连用3～5天。

③ 剖腹产。

④ 死胎性难产处理方法：对极少数接近分娩期或超过分娩期时间较长，且阴户连续流出恶露的、临床有分娩征兆和表现的母猪，用输精管连接注射器向母猪子宫腔内注入生理盐水（浓度为1%～3%、温度36～38℃），直至盐水从母猪阴户流出，然后配合使用催产素。20小时后，母猪子宫内容物就能排出。但必须注意的是母猪子宫颈未张开，骨盆狭窄以及产道有阻碍时，不能注射催产素；产后5天内，每天需肌注青霉素与链霉素合剂，以防生殖道出现炎症。

（2）群体预防。

① 加强母猪的饲养管理。保证妊娠母猪的饲料全价优质，营养水平适宜，尤其注重满足与繁殖机能密切相关的维生素和矿物质的需要，并依据猪体型大小、胎次、季节、气温等综合因素灵活控料，防止猪过肥与瘦弱。保证环境特别是产栏安静、温湿度适宜。

让妊娠母猪适当运动，最好于产前1个月赶入传统猪舍饲喂，任其自由活动。细心照顾妊娠末期和生产母猪，全程监护分娩。

② 高标准严格选择后备猪。要求后躯丰圆，尾根高举，外阴发育良好。坚持适龄8月龄以上、体重120千克以上配种，及时淘汰高龄多胎次母猪。

③ 做好防疫关。按免疫程序接种好各种高质量的疫苗，定期消毒、驱虫、灭鼠、灭蚊，及时有效地诊治各种普通疾病，控制木乃伊胎、死胎、畸形胎的发生。

194. 母猪胎衣不下怎么办?

母猪分娩后胎衣在数小时内不排出，就叫胎衣不下或胎衣滞留。多由于猪体虚弱，产后子宫收缩无力，以及怀孕期间子宫受到感染，胎盘发生炎症，导致结缔组织增生，胎盘粘连等，致使胎衣不下。

猪的胎衣不下多为部分不下。猪表现不安，体温升高，食欲降低，泌乳减少，喜喝水。阴门内流出红褐色液体，内含胎衣碎片。哺乳时常突然起立跑开（多是因为乳汁少，仔猪吮乳引起疼痛所致）。

猪产后经1~2小时仍不排出胎衣时，即应进行治疗。为促进子宫收缩，可肌内注射脑垂体后叶素2~4毫升，或肌内或皮下注射催产素5~10单位，24小时后再重复注射一次。也可投服益母草流浸膏4~8毫升，每天2次。胎衣腐败时，可用0.1%高锰酸钾溶液冲洗子宫，并投入土霉素。为促进胎儿胎盘与母体胎盘分离，可向子宫内注入5%~10%盐水1 000~2 000毫升，注入后应注意使盐水尽可能完全排出。

195. 母猪子宫出血怎么处理?

母猪子宫出血大多发生在产仔过程中。出血由于产道的创伤、撕裂或子宫复位不全造成的，因而做助产时要注意剪指甲、涂润滑剂，尽可能少进行阴道检查。治疗时可注射维生素K_3、止血敏等。

196. 母猪子宫脱出怎么办?

子宫脱出多见于流产和分娩前后的数小时及整个过程，为防止子宫脱出，平时要加强饲养管理，注意运动和补充钙质，猪舍地面保持适当的坡度，发现子宫脱出及时进行整复。

(1) 子宫不全脱出时，术者充分清洗手和手臂，消毒后涂上油类润滑剂，伸入阴道，使母猪保持臀高头低，小心推压子宫角，如不能完全矫正，可用0.1%高锰酸钾或生理盐水500~1 000毫升注入子宫腔，借助液体的压力可使子宫复原。

(2) 对于子宫全脱者，首先对脱出的子宫进行局部处理：先除去附在黏膜上的粪便，用0.1%的高锰酸钾液或0.9%的生理盐水洗涤，放于消毒过的布上，检查子宫是否有捻转、裂伤，如血管破裂，进行结扎，严重水肿者，用3%明矾水洗涤，整复时两人托起子宫与阴道等高，一人进行整复，左手握子宫角，右手拇指从子宫角端进行整复，再把手握成锥状像翻肠子一样，在猪不努责时进行用力推压，依次内翻，用此法将两子宫角先后推入子宫体，并同时将子宫体推入骨盆腔及腹腔中，整复完毕，阴门用粗丝线缝合两针，以防再脱出。注意必要时需要麻醉。整复后注射抗菌药物消炎。

197. 母猪产后无乳或缺乳怎么办?

母猪产后缺乳或无乳主要是母猪在妊娠期间及哺乳期间饲料单一、营养不全，或母猪过早配种，乳腺发育不全，以及患乳腺炎、子宫内膜炎和其他传染病而引起，常发生于产后几天内。由于母猪泌乳量减少，仔猪吃奶次数增加，但仍吃不饱，仔猪常叼住奶头不放，并发出叫声，甚至咬伤母猪奶头，母猪常拒绝仔猪吃奶，并用鼻子拱或用腿踢仔猪。仔猪吃不饱，严重者可饿死。

(1) 加强饲养管理，给母猪营养全面且易消化的饲料，增加青饲料及多汁饲料。

(2) 对发病母猪，可内服催奶灵或妈妈多，每天1次，连用

2～3天。或将胎衣用水洗净，煮熟切碎，加适量食盐混入饲料中饲喂；中草药“王不留行40克，穿山甲、白术、通草各15克，白芍、黄芪、党参、当归各20克”研成碎末，混入饲料中饲喂或水煎加红糖灌服。对体温升高、有炎症的母猪，可肌内注射青霉素或氨苄青霉素+链霉素、头孢噻呋钠或磺胺类药物。

198. 如何治疗母猪乳房炎？

乳房炎是乳腺受到物理、化学、微生物等刺激所发生的一种炎性变化，主要是由于仔猪尖锐的牙齿咬伤乳头皮肤感染而引起。

患猪乳房出现红、肿、热、硬，有痛感，不让小猪吃奶，多发于单个或数个乳房。病初乳汁稀薄，内混有絮状小块，以后乳少而变浓，混有白色絮状物。有时带血丝，甚至变为黄褐色脓液，有臭味。严重者，乳房溃疡，停止泌乳，个别病例体温升高，出现全身症状。

发生本病后应采取有效的治疗措施。

（1）乳房内注入药液疗法：先挤净病乳区内的分泌物和乳汁，然后向每个乳头徐徐注入药液：青霉素20万～30万国际单位，链霉素0.2～0.3克，溶于20毫升0.25%的普鲁卡因溶液。如果乳腺内分泌物过多或乳汁变化较大时，可先注入适量防腐消毒剂（如0.1%高锰酸钾溶液等），停留数分钟后挤出，再注入抗菌药物。

（2）乳房基部封闭疗法：用青霉素40万单位，溶于0.25%普鲁卡因溶液50～90毫升中，做乳基部注射，每天1～2次。

（3）全身疗法：对于病情较重，全身症状明显的，可用青霉素或氨苄青霉素与链霉素联合应用。

（4）温敷疗法：对于非化脓性乳房炎的急性炎症稍平息时，可用毛巾或纱布等浸上38～42℃药液，敷在患病乳房上，每次30～60分钟，每天2～3次。常用的药液有1%～3%醋酸铅溶液、10%～20%硫酸镁溶液等，对乳房硬结处可用鱼石脂软膏等外敷。

199. 引起母猪奶水不足的原因有哪些?

（1）母猪妊娠期间管理不当，乳腺发育不好。妊娠期饲料应切实按照“高、低、高”的模式，保证合理掌握喂量，同时饲料要营养全价。如怀孕中期（30～85 天）过量饲喂，因过肥的母猪血液中会有高浓度游离脂肪酸和低浓度的支链氨基酸，作用于大脑的食欲中枢会降低泌乳期的采食量，最终导致产乳量下降。其次是忽视母猪怀孕后期的饲养，往往会造成母猪瘦弱，乳腺发育不好，乳房干瘪，使泌乳力受到限制，致使产后奶水不足。

（2）母猪年老体衰，生理机能减退，此类猪应尽量淘汰。

（3）母猪配种年龄过早，乳腺发育不良。

（4）纯种母猪会有不明原因的无奶或奶水不足。

（5）母猪过分肥胖，乳房沉积脂肪过多，内分泌失调。

（6）母猪抵抗力差，产圈不洁，引起乳房炎。遇到此种情况除用上述方案治疗外，还可用 0.1% 的高锰酸钾洗乳头，但注意在出生仔猪泌乳前洗净乳头，然后挤掉每个乳头的前 3 把奶水，以保证出生仔猪能吃到干净的乳汁，避免发生因不干净的乳汁，导致不必要的拉稀或疾病。

200. 母猪奶水不足怎么办?

（1）加强哺乳母猪的饲养管理。

（2）由内分泌失调引起的缺奶，可注射垂体后叶素 20 单位，每天 1 次，连用 4 次。

（3）维生素 E100～200 毫克内服，催产素 20 单位加 10% 葡萄糖溶液 500 毫升静脉注射，用药后按摩乳房。

（4）饲喂胎衣。将胎衣煮熟分 3～5 次，连汤喂母猪。

（5）红糖 200 克、白酒 200 毫升、鸡蛋 6 个，先将鸡蛋打破倒入碗中，加入红糖搅拌，然后将白酒倒入，再加入少量精饲料拌匀，一次喂给。

（6）红糖 300 克、黄酒 300 克、鸡蛋 2 个，拌入料内喂猪，连喂3~4天。

（7）鸡蛋5个、花生米500克加水煮熟，分两次喂猪，一般喂后第3天即下奶。

（8）用鲫鱼500~1 000克，煮汤（不放盐），除去鱼刺喂母猪，连喂3天。

附 录

一、猪场常用的免疫程序和保健计划（参考）

日龄	疫苗或药物种类	使用方法	剂量
0~3	猪伪狂犬病	滴鼻	1~2头份
3	右旋糖酐铁（牲血素或富铁力）	肌内注射	1头份
10	右旋糖酐铁（牲血素或富铁力）	肌内注射	2头份
14	高致病性蓝耳病活疫苗	肌内注射	1头份
17	猪伪狂犬病	肌内注射	2头份
21	猪瘟（脾淋苗或细胞苗）	肌内注射	3头份
30	副伤寒	口服	2头份
35	维生素E-亚硒酸钠合剂	肌内注射	1~2毫升
35	猪伪狂犬病	肌内注射	2头份
40	经典型蓝耳病弱毒疫苗	肌内注射	1头份
50	伊维菌素、芬苯达唑或中药制剂等	拌料	按说明
56	猪瘟（脾淋苗或细胞苗）	肌内注射	3~4头份
60	猪O型口蹄疫高效灭活苗	肌内注射	5毫升
80	伊维菌素、芬苯达唑或中药制剂等	拌料	按说明
90	猪O型口蹄疫高效灭活苗	肌内注射	5毫升

备注：1. 猪种用时还需继续免疫以下疫苗。

① 每年4月中旬，肌内注射乙型脑炎疫苗。

② 经产母猪跟胎免疫，即产前30天肌内注射猪O型口蹄疫高效灭活苗。

③ 每3个月肌内注射1次猪伪狂犬病。

④ 种公猪每年4月、10月肌内注射猪瘟疫苗（脾淋苗或细胞苗）。

⑤ 种母猪每次断奶后肌内注射猪瘟疫苗（脾淋苗或细胞苗）。

⑥ 后备母猪还要免疫猪细小病毒疫苗（配种前一个月）。

2. 以上免疫程序只是参考，具体免疫程序还需根据本场的情况执行。也可以根据本场的免疫后抗体水平决定下一次免疫时间。

3. 每次驱虫拌料要连用7天。在第二次驱虫以后，每隔3个月进行一次驱虫。

4. 母猪每月定期用维生素E-亚硒酸钠粉、电解多维拌料，连用7~10天。

二、常用药物配伍禁忌简表

药物	禁忌配合的药物	变化
	抗生素	
青霉素	酸性药液：如盐酸氯丙嗪、四环素类 碱性药液：如磺胺药、碳酸氢钠 重金属盐氧化剂：如高锰酸钾 快效抑菌剂：如四环素、氯霉素	沉淀、分解、失效，疗效减低
红霉素	碱性溶液：如磺胺、碳酸氢钠、氯化钠、氯化钙、林可霉素	沉淀、析出游离碱，出现拮抗作用
链霉素	较强的酸、碱性液、氧化剂、还原剂、利尿酸、多黏菌素 E	破坏、失效，肾毒性增大，骨骼肌松弛
多黏菌素 E	骨骼肌松弛药、先锋霉素 I	毒性增强
四环素类（四环素、土霉素、金霉素、强力霉素）	中性及碱性溶液：如碳酸氢钠、生物碱沉淀剂阳离子（一价、二价或三价离子）	分解、失效、沉淀、形成不溶性难吸收的络合物
先锋霉素Ⅱ	强效利尿药	增加对肾脏毒性
	化学合成抗菌药	
磺胺类药物	酸性药物、普鲁卡因、氯化铵	析出沉淀，疗效减低或无效，增加肾脏毒性
氟喹诺酮类（如诺氟沙星、环丙沙星、氧氟沙星、洛美沙星、恩诺沙星等）	氯霉素、呋喃类、金属阳离子、强酸性药液或强碱性药液	疗效减低，形成不溶性难吸收的络合物析出沉淀
	消毒防腐药	
漂白粉	酸类	分解放出氯
酒精	氧化剂、无机盐等	氧化、沉淀
硼酸	碱性物质、鞣酸	生成硼酸盐疗效减弱

（续表）

药物	禁忌配合的药物	变化
碘及其制剂	氨水、铵盐类重金属盐、生物碱类、淀粉、龙胆紫、挥发油	生成爆炸性碘化氮沉淀析出，生物碱沉淀呈蓝色，疗效减弱、分解失效
阳离子表面活性消毒药	阴离子活性剂（如肥皂类）、合成洗涤剂、高锰酸钾、碘化物、过氧化物	作用相互拮抗、沉淀
高锰酸钾	氨及其制剂、酒精、鞣酸、甘油、药用炭	沉淀、失效，研磨时爆炸
过氧化氢溶液	碘及其制剂、高锰酸钾、碱类、药用炭	分解、失效
过氧乙酸	碱类：如氢氧化钠、氨溶液	中和失效
氨溶液	酸及酸性盐、碘溶液（如碘酊）	中和失效、生成爆炸性的碘化氨
	抗蠕虫药	
左旋咪唑	碱类药物	分解、失效
敌百虫	碱类、新斯的明、肌松药	毒性增强
硫双二氯酚	乙醇、稀碱液、四氯化碳	增强毒性
	抗球虫药	
氨丙啉	维生素 B_1	疗效减低
二甲硫胺	维生素 B_1	疗效减低
莫能菌素或盐霉素或马杜霉素或拉沙洛菌素	泰妙菌素、竹桃霉素	抑制动物生长，甚至中毒死亡
	中枢兴奋药	
咖啡因（碱）	盐酸四环素、盐酸土霉素、酸、碘化物	析出沉淀
尼可刹米	碱类	水解、沉淀
	镇静药	
氯丙嗪	碳酸氢钠、巴比妥类钠盐、氧化剂	析出沉淀、变红色
溴化钠	酸类、氧化剂生物碱类	游离出溴，析出沉淀
巴比妥钠	酸类、氯化铵	析出沉淀、析出氨、游离出巴比妥酸

（续表）

药物	禁忌配合的药物	变化
	镇痛药	
吗啡	碱类	毒性增强
度冷丁	巴比妥类	析出沉淀
	解热镇痛药	
阿司匹林	碱类药物：如碳酸氢钠、氨茶碱、碳酸钠等	分解、失效
水杨酸钠	铁等金属离子制剂	氧化、变色
安乃近	氯丙嗪	体温剧降
氨基比林	氧化剂	氧化、失效
	麻醉药与化学保定药	
水合氯醛	碱性溶液、久置、高热	分解、失效
戊巴比妥钠	酸类药液高热、久置	沉淀分解
苯巴比妥钠	酸类药液	沉淀
普鲁卡因	磺胺药、氧化剂	疗效减弱或失效、氧化
琥珀胆碱	水合氯醛、氯丙嗪、普鲁卡因、氨基苷类	肌松过度
盐酸二甲苯胺噻唑	碱类药液	沉淀
	植物神经药物	
硝酸毛果芸香碱	碱性药物、鞣质、碘及阳离子表面活性药剂	沉淀或分解失效
硫酸阿托品	碱性药物、鞣质、碘及碘化物、硼砂	分解或沉淀
肾上腺素、去甲肾上腺素	碱类、氧化物、碘酊三氯化铁、洋地黄制剂	易氧化变棕色、失效、心律不齐
	强心药	
毒毛旋花子甙 K	碱性药液：如碳酸氢钠、氨茶碱	分解、失效
洋地黄毒苷	钙盐、钾盐、酸或碱性药物、鞣酸、重金属盐	增强洋地黄毒性，对抗洋地黄作用分解、失效、沉淀
	止血药	
安络血	脑垂体后叶素、青霉素 G、盐酸氯丙嗪、抗组胺药、抗胆碱药	变色、分解、失效、止血作用减弱

（续表）

药物	禁忌配合的药物	变化
止血敏	磺胺嘧啶钠、盐酸氯丙嗪	浑浊、沉淀
维生素 K_3	还原剂、碱类、巴比妥类药物	分解、失效，加速维生素 K_3 代谢
	抗凝血药	
肝素钠	酸性药液、碳酸氢钠、乳酸钠	分解、失效，加速肝素钠抗凝血
枸橼酸钠	钙制剂：如氯化钙、葡萄糖酸钙	作用减弱
	抗贫血药	
硫酸亚铁	四环素类药物、氧化剂	妨碍吸收、氧化变质
	祛痰药	
氯化铵	碳酸氢钠、碳酸钠等碱性药物、磺胺药	分解、增强磺胺肾毒性
碘化钾	酸类或酸性盐	变色、游离出碘
	平喘药	
氨茶碱	酸性药液（如维生素 C）、四环素类药物、盐酸、盐酸氯丙嗪等	中和反应、析出茶碱沉淀
麻黄素（碱）	肾上腺素、去甲肾上腺素	增强毒性
	健胃与助消化药	
胃蛋白酶	强酸、强碱、重金属盐、鞣酸溶液	沉淀
乳酶生	酊剂、抗菌剂、鞣酸蛋白、铋制剂	疗效减弱
干酵母	磺胺类药物	疗效减弱
稀盐酸	有机酸盐：如水杨酸钠	沉淀
人工盐	酸性药液	中和、疗效减弱
胰酶	酸性药物和稀盐酸	疗效减弱或失效
碳酸氢钠	酸及酸性盐类、鞣酸及其含有物生物碱类、镁盐、钙盐、次硝酸铋	中和、失效、分解、沉淀，疗效减弱
	泻药	
硫酸钠	钙盐、钡盐、铅盐	沉淀

（续表）

药物	禁忌配合的药物	变化
硫酸镁	抗生素如链霉素、卡那霉素、新霉素、庆大霉素	增强中枢抑制
	利尿药	
呋喃苯胺酸（速尿）	头孢噻啶、骨骼肌松弛剂	增强肾毒性，骨骼肌松弛可加重
	脱水药	
甘露醇	生理盐水或高渗盐水	疗效减弱
山梨醇	生理盐水或高渗盐水	疗效减弱
	糖皮质激素	
盐酸可的松、泼尼松、氢化可的松、泼尼松龙	苯巴比妥钠、苯妥英钠、强效利尿药、水杨酸钠、降血糖药	代谢加快，排钾增多，消除加快，疗效降低
	生殖系统药	
促黄体素	抗胆碱药、抗肾上腺素药、抗惊厥药、麻醉药、安定药	疗效降低
绒促性素	遇热、氧	水解、失效
	影响组织代谢药	
维生素 B_1	生物碱、碱氧化剂、还原剂、氨苄青霉素、头孢菌素Ⅰ和Ⅱ、多黏菌素	沉淀分解、失效破坏
维生素 B_2	碱性药液、氨苄青霉素、头孢菌素Ⅰ和Ⅱ、氯霉素、多黏菌素、四环素、金霉素、土霉素、红霉素、新霉素、链霉素、卡那霉素、林可霉素	破坏、失效、灭活
维生素 C	氧化剂、碱性药液（如氨茶碱）钙制剂溶液、氨苄青霉素、头孢菌素Ⅰ和Ⅱ、氯霉素、多黏菌素、四环素、金霉素、土霉素、红霉素、新霉素、链霉素、卡那霉素、林可霉素	氧化、沉淀、失效、灭活
氯化钙	碳酸氢钠、碳酸钠溶液	沉淀
葡萄糖酸钙	碳酸氢钠、碳酸钠溶液、水杨酸盐、苯甲酸盐溶液	沉淀
	解毒药	
碘解磷定	碱性药物	水解为氰化物
亚甲蓝	强碱性药物、氧化剂、还原剂及碘化物	破坏、失效

（续表）

药物	禁忌配合的药物	变化
亚硝酸钠	酸类碘化物、氧化剂、金属盐	分解成亚硝酸，游离出碘，被还原
硫代硫酸钠	酸类氧化剂如亚硝酸钠	分解、沉淀、失效
依地酸钙钠	铁制剂如硫酸亚铁	干扰作用

备注：1. 氧化剂：漂白粉、过氧化氢、过氧乙酸、高锰酸钾等。

2. 还原剂：碘化物、硫代硫酸钠、维生素 C 等。

3. 重金属盐：汞盐、银盐、铁盐、铜盐、锌盐等。

4. 酸类药物：稀盐酸、硼酸、鞣酸、醋酸、乳酸等。

5. 碱类药物：氢氧化钠、碳酸氢钠、氨水等。

6. 生物碱类药物：阿托品、安钠咖、肾上腺素、毛果芸香碱、氨茶碱、普鲁卡因等。

7. 有机酸盐类药物：水杨酸钠、醋酸钾等。

8. 生物碱沉剂：氢氧化钾、碘、鞣酸、重金属等。

9. 药液显酸性的药物：氯化钙、葡萄糖、硫酸镁、氯化铵、盐酸、肾上腺素、硫酸阿托品、水合氯醛、盐酸氯丙嗪、盐酸金霉素、盐酸土霉素、盐酸四环素、盐酸普鲁卡因、糖盐水、葡萄糖酸钙注射液等。

10. 药液显碱性的药物：安钠咖、碳酸氢钠、氨茶碱、乳酸钠、磺胺嘧啶钠、乌洛托品等。

三、猪常用的解毒药

1. 硫酸阿托品：抗胆碱药，有松弛平滑肌、抑制腺体分泌和扩张瞳孔作用。用于消化道平滑肌痉挛、分泌增多，解救有机磷农药（敌百虫、1605 等）中毒和拟胆碱药中毒。皮下注射，每头一次量，猪 2 ~4 毫克。用做解毒时，用量可酌情增加，每千克体重可用到 0. 5 毫克左右。轻度中毒家畜可单独使用阿托品，但对严重中毒患猪必须配合碘解磷定，且要反复用药。

2. 盐酸山莨菪碱（盐酸 654-2）：抗胆碱药，用于有机磷中毒，以及用于表现腹泻、痢疾症状疾病的配合用药。有片剂和注射剂，肌内注射或后海穴注射（泻痢类病），一次量，1毫克/千克体重。

3. 碘解磷定（派姆，PAM）：本品常用于有机磷杀虫药或农药中毒，如对硫磷（1605）、内吸磷（1059）、乙硫磷等急性中毒的解救。对敌敌畏、乐果、敌百虫等中毒疗效较差。对中毒早期疗效较好，抢救中度或重度中毒时，必须同时使用阿托品。注射液静脉注射，一次量，猪15~30毫克/千克体重，注射速度宜缓慢，若药液漏到皮下会产生强烈刺激作用。根据病情需要，必要时2小时左右重复给药。

4. 解氟灵（乙酰胺）：本品为有机氟杀虫药和毒鼠药氟乙酰胺、氟乙酸钠的解毒剂。宜早期应用，并给予足量。严重中毒猪，须配合应用氯丙嗪或苯巴比妥钠等镇静药。注射液肌内注射，一次量0.05~0.1克/千克，每天2~4次，一般连用5~7天。

5. 亚甲蓝（美蓝）：本品既有氧化作用，又有还原作用，其作用与剂量有关。常用于解救氰化物中毒、亚硝酸盐中毒（猪饱馊症）等。注射液静脉注射，一次量，1~2毫克/千克体重，氰化物中毒2.5~10毫克/千克体重。

四、猪场常用消毒药使用方法（参考）

1 消毒剂的分类

1.1 高效消毒剂：火碱、过氧乙酸、环氧乙烷、甲醛、戊二醛、漂白粉、次氯酸钠、优氯净、有机汞类等。

1.2 中效消毒剂：醇类、酚类、碘制剂、醛制剂等。

1.3 低效消毒剂：季胺类（新洁尔灭）、洗必泰等。

2 常用消毒剂

2.1 卤素类消毒剂

2.1.1 含氯消毒剂：漂白粉，次氯酸钠，二氧化氯、二氯异氰尿酸钠（伏氯净）、三氯异氰尿酸钠（强氯精）等。

2.1.2 含碘消毒剂：碘酊、碘伏、聚维酮碘。

2.1.3 含溴消毒剂：二溴海因、溴氯海因。

2.2 氧化剂类消毒剂：过氧乙酸、高锰酸钾。

2.3 醛类消毒剂：福尔马林、2%戊二醛。

2.4 酚类消毒剂：2%来苏儿（煤酚皂溶液）、复合酚（菌毒敌、农福、消毒净、消毒灵、农乐）、鱼石脂、5%苯酚（石碳酸）、克辽林、菌球杀。

2.5 季铵盐类消毒剂：5%洁尔灭、5%新洁尔灭、双长链季铵盐消毒剂、20%洗必泰、0.05%～0.1%消毒净、10%百毒杀（癸甲溴铵溶剂）、0.2%菌毒清。

2.6 醇类消毒剂：75%酒精。

2.7 酸类消毒剂：2%盐酸（加食盐15%）、0.5%硫酸、乳酸、醋酸、草酸等。

2.8 碱类消毒剂：氢氧化钠（烧碱、火碱）、氢氧化钾、生石灰、石灰乳、草木灰水、碳酸钠等。

2.9 新型高效消毒剂：喷雾灵、高氯灵、复合醛、强氧化高电位酸性水等。

3 常用消毒剂的浓度与使用

3.1 猪场内外环境、猪舍、栏圈、通道、排污沟、车辆等的消毒

0.5%强力消毒灵、0.5%过氧乙酸、5%～8%火碱溶液、1∶800卫康、1∶300百菌灭、1∶100菌毒敌、1∶1 000百毒杀、1∶200～1∶600灭毒净、1∶800消毒威、1∶300消毒威、3%来苏儿、1%宝乐酚、1∶300碘酸、1∶100速效碘、5%碘伏、5%石炭酸、1∶200抗毒威等，均可有效的杀灭病毒与细菌等病原体。

3.2 猪场的供水设备、饮水器、水管及水箱等的消毒

用含有效氯20%以上的漂白粉稀释成3%水溶液浸泡或冲洗消毒；也可于10升水中加百毒杀1毫升或每吨水中加消毒威15克，或于每升水中加4克抗毒威，或于每吨水中加碘酸0.8千克消毒。

3.3 带猪消毒

选用1：1 200卫康、1：2 000消毒威、1：400抗毒威（化学名为二氯异氰尿酸钠－伏氯净）、1：1 000强力消毒王、1：1 000百毒杀、0.1%新洁尔灭、0.3%～0.5%过氧乙酸溶液、0.5%威力碘或聚维酮碘、醛制剂等喷洒消毒。

3.4 熏蒸消毒

每立方米消毒空间，用36%甲醛溶液56毫升与高锰酸钾28克混合，封闭熏蒸24小时进行消毒，然后开窗放气。

4 消毒注意事项

4.1 兽药市场上消毒药品种类繁多，要注意选购品牌、信誉好的厂家购买，使用质量好的消毒剂，才能保证消毒质量。不要贪图便宜，使用假冒伪劣产品，这样不仅影响消毒效果，保证不了猪只的健康，阻碍养猪生产，而且还会造成经济上的损失。

4.2 养猪环境中存在许多有机物，这些有机物与消毒药物具有很强的亲和力，可结合成不溶性化合物，阻止消毒药物作用的完全发挥。因此，在实施消毒之前，一定要将环境中的有机物消除干净，彻底打扫，然后再进行消毒。

4.3 正确使用消毒药品，按其使用说明书的规定与要求配制消毒药液，药量与水量的比例要准确，不要随意加大或减小药物的浓度，否则会影响消毒效果，严重者还会引起不良后果。比如饮水消毒要严禁任意加大水中消毒药的浓度，这样做虽然有效地杀灭了水中的病原微生物，但也同时杀灭或抑制猪体肠道内的正常菌群，造成猪只腹泻或继发肠道疾病。

4.4 不要任意将两种不同种类的消毒药品混合使用，或同时消毒同一种物品，因为两种不同的消毒药品混合使用时会因物理的或化学性的配伍禁忌而使消毒药物失效。

4.5 不要长时间使用一种消毒药物消毒，这样会造成病原菌产生耐药性，影响消毒效果。因此，消毒时一定要定期更换消毒药品，方能保证常年的消毒效果。一般每两周更换一种消毒药。

4.6 消毒时消毒药物要现用现配，尽可能在规定的时间内一次用完。如果配好的消毒药物放置时间过长不用，会使消毒药液的浓度降低或完全失效。

4.7 消毒时操作人员要用防护用具（如口罩、手套、眼镜、胶靴、工作服等），以免消毒药液刺激眼、鼻、口、手、皮肤及黏膜等。同时也要注意消毒药物对猪群与物品的伤害，安全第一。

4.8 有条件的猪场，消毒后应采取样品进行消毒效果的检验，以便发现问题，加以改正，进一步提高消毒效果。

参考文献

[1] 吴清民. 兽医传染病学. 北京：中国农业大学出版社，2002.

[2] 宣长和，等. 猪病学（第三版）. 北京：中国农业大学出版社，2010.

[3] 孔繁瑶. 家畜寄生虫学. 北京：中国农业出版社，1981.

[4] 张宏伟. 动物疫病. 北京：中国农业出版社，2001.

[5] 徐百万，田克恭. 猪流感. 北京：中国农业出版社，2009.

[6] 梅克义. 安全生猪生产技术手册. 北京：中国农业科学技术出版社，2003.

[7] 刘亚清. 猪场安全用药指南. 北京：中国农业出版社，2007.

[8] 史言，等. 兽医临床诊断学. 北京：中国农业出版社，1980.

[9] 王建华. 家畜内科学. 北京：中国农业出版社，2010.

[10] 马玉华，王会珍. 猪病防治问答. 北京：化学工业出版社，2011.